凤凰会◎编著

GUARDIAN
ANGEL

守护天使

儿童安全手册

SPM

南方出版传媒

广东经济出版社

·广州·

图书在版编目（CIP）数据

守护天使：儿童安全手册 / 凤凰会编著.—广州：广东经济出版社，2017.3
ISBN 978-7-5454-5262-4

Ⅰ.①守…　Ⅱ.①凤…　Ⅲ.①安全教育－儿童读物　Ⅳ.①X956-49

中国版本图书馆CIP数据核字（2017）第 012374 号

出版 发行	广东经济出版社（广州市环市东路水荫路 11 号 11~12 楼）
经销	全国新华书店
印刷	北京盛兰兄弟印刷装订有限公司（北京市大兴区黄鹉路西临 89 号）
开本	787 毫米×1092 毫米　1/16
印张	14.25
字数	184 000
版次	2017 年 3 月第 1 版
印次	2017 年 3 月第 1 次
书号	ISBN 978-7-5454-5262-4
定价	39.80 元

如发现印装质量问题，影响阅读，请与承印厂联系调换。

广东经济出版社常年法律顾问：何剑桥律师

前　言

　　巴金先生说过：“对孩子的成功教育要从好习惯培养开始。”这种习惯不仅仅指学习习惯，还包括生活习惯。从孩子出生的那一刻起，我们就要培养孩子养成良好的饮食习惯、卫生习惯、出行习惯等。良好习惯的养成非一日之功，从刷牙洗脸，到户外旅行，每一种习惯的养成都需要我们耐心、细致、反复地教育。

　　家庭是社会的基本细胞，是孩子的第一所学校。在家庭中，儿童体验着最初的人际关系。在与家长相处的过程中，孩子开始学习如何与人相处、如何遵守社会规则、如何克制自己的欲望……近代儿童心理学家让·皮亚杰认为：年幼儿童存在“自我中心主义”，不知道除了自己的观点还存在别人的观点。早期的家庭教育，使儿童逐渐完成“去中心化”，进而能够从他人的角度思考问题，了解自由的限度，形成健康的性格。这些都是儿童未来步入社会所必需的心理素质，也是儿童心理安全的前提。

　　全书通过“案例回放”，结合现代家庭教育中父母容易碰到的难题进行场景再现；通过“分析与建议”，系统阐述了居家安全、户外安全、饮食安全、生活安全、交通安全、心理安全和性安全等方面的安全知识，并教给孩子防诈骗、防盗窃、防抢劫、防心理疾病及防性侵害等方面实用的自我保护技能。其中心理安全部分的内容，蓝贝壳心理咨询机构提供了支持与帮助。

全书内容通俗易懂，案例贴近实际生活，方法与技巧也简明易掌握，希望对广大家长及儿童能有所帮助！

目录

Part 1
让儿童远离潜在的危险

01
防患于未然：让孩子远离社会伤害

002	强化安全意识教育
004	教会孩子正确报警
006	提防放学路上的"熟人"
008	"同学"也可能是骗子
010	小心迷路时的"热心人"
013	别让保姆"拐"走了幸福
016	别让坏人"忽悠"了孩子
018	沉着应对盗抢事件
021	遭遇勒索别懦弱
023	请不要走进网友的圈套

02

行为规范：开启孩子正确的生活态度

025 | 善待孩子的"叛逆"
027 | 如何教育犯错误的孩子
030 | 如何改变"偏执"的孩子
032 | 警惕有自杀倾向的孩子
036 | 如何面对孩子的攻击性行为
038 | 孩子自闭，不可小视
041 | 别让代沟成为隔阂
043 | 别让家庭暴力害了孩子

Part 2
世界太大，危险太多

03

居家安全：让家变成孩子安全的港湾

048 | 让孩子远离危险地带
050 | 让孩子远离危险物品
053 | 小心看不见的电
056 | 不随便给陌生人开门
058 | 让孩子学会火场自救

061	让孩子在家里远离摔伤
063	厨房危险，不能玩
065	餐厅用餐的安全习惯
067	警惕小游戏里的大危险
069	危险动作勿模仿

④

户外安全：让孩子在玩乐中避险

072	警惕户外运动潜藏的危险
074	指导孩子正确上下楼梯
076	懂得处理孩子的意外小伤
079	小心孩子掉进"无底洞"
081	仿真玩具手枪会伤人
083	户外玩耍谨防中暑
085	游泳谨防"游泳病"
088	同伴落水勿鲁莽
090	划船有危险，莫忘安全
092	不围观打斗场面

⑤

饮食安全：舌尖上的警戒线

094	无处不在的食物中毒
098	不随意进食补品
101	路边食物别乱吃
104	安全用药家长必知

106 | 小心进食，以防被噎

108 | 吃烫的食物要小心

⑥

交通安全：今天的教育，明天的"保护伞"

110 | 这样过马路最安全

113 | 别让孩子跨越隔离护栏

114 | 恶劣天气出行须知

117 | 儿童自行车的安全使用

119 | 让孩子远离汽车伤害

121 | 文明乘坐公交车

124 | 被困电梯别害怕

126 | 旅行安全别大意

128 | 开心坐地铁，安全很重要

⑦

平安校园：孩子成长，安全为王

131 | 课间活动不要玩过火

134 | 不能忽视的校园劳动安全

136 | 体育活动要有保护措施

138 | 不可小觑的实验室安全问题

141 | "抢"来的灾难

143 | 警惕可怕的校园火灾

⑧

守望幸福："大人"才是问题所在

147　　"小"溺爱引起的"大"犯罪
149　　监管不力导致的学习焦虑
152　　警惕孩子的"两面派"
155　　留守儿童的品德问题
157　　留守儿童的卫生问题
160　　留守儿童的隔代隔阂

Part 3
父母的臂膀挡不住孩子的探索

⑨

心理安全：让孩子的人生少走弯路

164　　别让孩子在恐惧中长大
166　　别让孩子从内向走向抑郁
168　　如何应对孩子的叛逆心理
171　　如何应对孩子的强迫症心理
172　　如何改变孩子的自卑心理
175　　如何应对孩子的输不起心理
178　　如何引导爱说谎的孩子

181 | 如何改变孩子的善妒心理

183 | 如何拯救沉溺与幻想的孩子

185 | 如何应对孩子对物品的依恋情结

188 | 如何应对儿童多动症

⑩

粉色空间：不可小视的性教育

191 | 怎样看待孩子们的"性游戏"

193 | 不要让孩子产生性别崇拜

195 | 如何对待孩子对性的好奇心

197 | 如何面对孩子的早恋问题

200 | 如何应对青春期孩子的自慰问题

202 | 如何预防儿童被性侵

204 | 附录：儿童安全相关文件

Part 1

让儿童远离
潜在的危险

守护天使
（儿童安全手册）

防患于未然：让孩子远离社会伤害

强化安全意识教育

明明8岁就已经学会骑自行车了，虽然骑得摇摇晃晃，但新鲜劲儿十足，骑着车子到处乱跑。明明的爸爸出于安全考虑，教给明明一些骑自行车的安全技巧。

但是，明明的爸爸还是很担心，难道只让孩子知道一些安全技巧就能够将伤害程度降到最低吗？如果因为别人不遵守交通规则，使孩子受到伤害呢！于是，明明爸爸又把存在危险的地方和一些交通规则详细地告诉了明明。

为了让明明体会到骑车的危险性，明明的爸爸还把亲身经历的意外讲给他听。"有一次，在咱们小区，爸爸想将自行车停在停车场附近。当时，有一辆汽车突然倒车，差点撞到我，还好我反应快，只是为了躲车擦破了点皮。自行车被撞了是小事，要是身体受伤就严重了。从那以后，我骑自行车就尽量远离汽车，避免危险。"明明听了后，表示以后再也不到危险的地方骑自行车了。

在生活中，大部分父母总是侧重于教导孩子掌握安全知识，而忽略了培养孩子的安全意识。

虽然有时候孩子也能够在危险来临时，用掌握的安全知识将伤害降到最低，但是，如果让孩子具备一定的安全意识，不做危险的事情，防患于未然，孩子的安全更能得到保障。因此，家长一定要让孩子具备基本的安全意识。下面有 3 条建议供家长参考。

1. 讲明危险造成的后果

只告诉孩子"那里不能去""这个不能碰"是不够的，家长还要明确告诉孩子这样做会造成的后果。

假如，家长没有告诉孩子这样做的后果，不能让孩子了解其中的危险，孩子反而会觉得家长太啰嗦。如果让孩子知道不遵守安全规则的后果，他自然会有所顾虑，也就不敢去尝试了。

2. 经常提醒孩子注意安全

孩子的注意力容易分散，所以家长需要经常提醒孩子注意安全。一般来说，孩子都比较贪玩，玩得高兴了，任何事情都会抛在脑后。所以，家长要反复说、经常说，比如讲解交通安全知识，可以在吃饭的时候说、开车的时候说、外出游玩的时候说等。要抓住任何可以利用的机会，多提醒孩子注意安全。

3. 借助身边事强化安全意识

我们看新闻时，经常会看到一些关于儿童的安全事故。尽管谁都不愿意看到这种惨剧，但我们可以把它当作反面教材讲给孩子听，**借助这些真实案例，强化孩子的安全意识。**

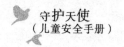

守护天使
（儿童安全手册）

 法律法规小贴士

中华人民共和国未成年人保护法（2012年修正本）

第一条　为了保护未成年人的身心健康，保障未成年人的合法权益，促进未成年人在品德、智力、体质等方面全面发展，培养有理想、有道德、有文化、有纪律的社会主义建设者和接班人，根据宪法，制定本法。

第二条　本法所称未成年人是指未满十八周岁的公民。

教会孩子正确报警

乐乐今年上二年级了，自己的家离学校很近，由于他的爸爸妈妈工作都非常忙，所以每天放学后总是他一个人先回家做作业。为了乐乐的安全，爸爸妈妈还专门给他配置了手机，让他有事打电话。

有一天乐乐和往常一样放学回家后，听到有人敲门，他放下手中的笔，来到门前，高声问："你是谁？"敲门的人自称是他爸爸的朋友。因为乐乐的爸爸妈妈总是教育他不要给陌生人开门，所以乐乐通过门镜看了看，发现这个叔叔他并没有见过，于是拒绝开门。这个时候门外的陌生男子开始威胁乐乐，如果不开门，就对他不客气。乐乐害怕得大哭起来，可就是不知道该怎么办。

近几年来，由于父母工作忙，孩子放学后独自在家的现象大量存在。这种情况被一些犯罪分子利用，趁家长不在家，对孩子进行哄骗，伺机进行盗窃和绑架。日常生活中，孩子一旦遇到歹徒，此时报警是非常重要的。如果没有及时报警或者报警错误，会使公安机关不能及时给予帮助。因此，家长一定要让孩子学会正确报警。

1. 根据不同的情况正确报警

家长要告诉孩子，遇到危及人身安全、财产安全、社会治安秩序的要拨"110"；遇到火情要拨"119"；有人受伤，要拨医疗急救电话"120"。在手忙脚乱时，一定要保持头脑清醒，不要把电话拨错。

家长要提醒孩子，**如果没有遇到危险而随便报警是要负法律责任的，并且要赔偿经济损失。**

2. 报警内容要具体、准确

报警内容包括案件发生的时间、地点，犯罪嫌疑人的性别、人数、外表特征、相关车辆的车牌号码，同时要报告自己目前的位置以及联系方式等。

3. 做到就近报警

如果附近没有电话，就到距离自己最近的公安机关报警。在报警途中如果遇到巡逻值勤的巡警、交警，也可以向他们求助。

4. 正确保护现场

报警完毕后要对现场采取保护措施，不要随意乱碰乱摸，这样更有利于警方破案。

5. 及时治疗身体伤害

当身体受到严重伤害时，要边报警边到附近医院诊治，但必须与公安机关保持联系。医院诊治后要保存好病历、各种检查资料（如X线片、CT片及化验报告单等）。

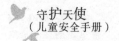

 法律法规小贴士

中华人民共和国未成年人保护法（2012年修正本）

第三条 未成年人享有生存权、发展权、受保护权、参与权等权利，国家根据未成年人身心发展特点给予特殊、优先保护，保障未成年人的合法权益不受侵犯。

未成年人享有受教育权，国家、社会、学校和家庭尊重和保障未成年人的受教育权。

未成年人不分性别、民族、种族、家庭财产状况、宗教信仰等，依法平等地享有权利。

提防放学路上的"熟人"

刚上一年级的丹丹，放学后像往常一样背着书包回家。她没有想到的是，危险正在前面等着她。

走到学校门口时，一个陌生的年轻人走到她身边说："小朋友，我是你爸爸的同事，今天你爸爸加班，让我过来接你。"说完，这个陌生人，就抱起了她，她非常害怕，也开始怀疑这个陌生人是坏人。这时候，两个认识她的同学和他们的妈妈一起回家，从她的身旁经过，学校门口也有门卫叔叔在执勤。可丹丹还是任由陌生男子，将她带上了一辆出租车，朝着另一个方向驶去……

近年来，一些犯罪分子盘踞在学校周边，伺机对中小学生进行绑架，往往造成一些悲剧。

这些悲剧之所以屡屡发生，主要是因为家长缺乏对孩子的安全教育，导致孩子的安全意识薄弱，面对陌生人丝毫没有警惕心。那么，作为家长应该如何让孩子提高防范意识呢？

1. 告诉孩子放学路上的注意事项

首先，年幼的孩子最好有人亲自接送。

其次，对于年龄稍大的孩子可以允许其自己回家，但**要提醒孩子放学后要直接回家，避免走空旷、僻静的路，不要在路上逗留太久，不要出入复杂的娱乐场所**。要告诫他们，无论是在路上，还是在公交车上，都不要理会陌生人的搭讪，更不能随便跟他们走。不受陌生人的诱惑，不接受任何人的馈赠，不吃陌生人给予的东西，特别是不喝他们的饮料。另外要告诉孩子，如果去其他地方要提前告诉家长。

2. 了解孩子同学的相关信息

如果孩子的同学中有与自己家住得比较近的，应该让他们结伴回家，同时与他们的家长取得联系，共同督促。**了解孩子要好玩伴的家庭联系方式**，一旦孩子失去联系，可以首先与他们的家长确认是否到朋友家玩耍了。

3. 教育孩子不要轻易露富

从小告诫孩子不要有攀比心理。如果家庭比较富裕，要教育孩子不要轻易露富，以免被不法分子盯上。

4. 教孩子一些应急方法

走在街道上，当陌生人叫你的名字时，最好的方法就是装哑巴，什么也别说，径直走开。

如果发现有人跟踪你，要制造附近有亲人陪伴的假象，如紧跑几

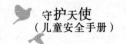

步，一边跑一边冲着前面的人喊"爸爸，等等我"或者是"爷爷，等等我""哥哥，等等我"等，当犯罪分子发现你不是独自一个人时，就会"放弃"你。

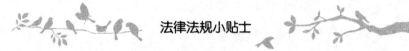

法律法规小贴士

中华人民共和国未成年人保护法（2012 年修正本）

第五条　保护未成年人的工作，应当遵循下列原则：

（一）尊重未成年人的人格尊严；

（二）适应未成年人身心发展的规律和特点；

（三）教育与保护相结合。

"同学"也可能是骗子

家住盐城的小陆独自外出玩耍，晚上 6 点多钟，小陆的父母接到了小陆的同学胡某打来的电话，告诉他们小陆和几个同学在一起，晚上可能不回家了。小陆的父亲随即给女儿最好的朋友家打电话，得知她的家人也接到了内容相同的"请假"电话，于是就没再继续追究这件事。

然而，接下来的几天里，小陆一直没有回家。小陆的父亲随即报了警，警察经过多方调查，才知道小陆的同学胡某伙同其男朋友（该男友为社会闲杂人员）将小陆和另一名同学以每人 500 元的"价钱"卖给了别人，至于卖给什么人、卖到什么地方，不得而知……

在很多家长看来，同学往往是安全可靠的。然而，让他们想不到的是，近几年同学作案的案件屡见不鲜，这些犯罪的"同学"，很容易取得孩子们的信任，轻者被绑架勒索，重者可能被拐卖，女孩子甚至会被逼卖淫。

通常来说，无论是家长还是孩子，对同窗好友是最不容易设防的。然而，正是由于不设防，被同学骗的概率也最高，这些同学一旦动了邪念，或者被他人利用，其危害性非常高。

这些犯罪的同学，一般是那些平时表现比较恶劣，与社会闲杂人等来往密切的同学，但也不排除一些所谓的"好学生"。

四川某中学就发生过一起学生干部拐卖同学卖淫的案件，这位学生干部还是教师的孩子，年年都被评为优秀干部。就是这位在老师、同学眼里看来是品学兼优的学生竟然拐卖了 10 位女同学。此外，在防范同学施骗的同时，还应警惕来自同学家长的危险。

因此，对于同学之间的交往，家长绝不能掉以轻心。上面的案例给家长们提了个醒：

（1）不要过于轻信孩子同学的话。

（2）平时要了解孩子同学的基本情况，特别是品行的好坏。让孩子与品行不太好的同学保持适当的距离。

（3）要严禁年幼的孩子独自去同学家里玩耍，更不允许贸然留宿。

（4）孩子出门时，要问清楚他们去哪里。这样做可能会引起孩子的反感，因此要讲究方式方法，提前把道理给孩子讲明白，相信他们会理解家长的苦心的。

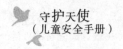
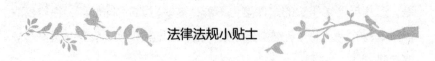

法律法规小贴士

中华人民共和国未成年人保护法（2012年修正本）

第六条　保护未成年人，是国家机关、武装力量、政党、社会团体、企业事业组织、城乡基层群众性自治组织、未成年人的监护人和其他成年公民的共同责任。

对侵犯未成年人合法权益的行为，任何组织和个人都有权予以劝阻、制止或者向有关部门提出检举或者控告。

国家、社会、学校和家庭应当教育和帮助未成年人维护自己的合法权益，增强自我保护的意识和能力，增强社会责任感。

小心迷路时的"热心人"

河南省新乡市警方破获一起重大的贩婴案。一个横跨广东、广西、云南、贵州和四川等省的贩婴团伙暴露在阳光之下，35名儿童陆续被解救。

据人贩子交代，他们所拐骗的孩子中有很大一部分是在公共场所"捡"到的。当时这些孩子刚与家人走失，人贩子假装带孩子去寻找家人，轻易就骗取了这些孩子的信任。

据公安机关的统计，因迷路而被拐骗的儿童大多数都在6岁以下，这一年龄段小孩的走失，与家长的防范意识薄弱有极大的关系。

儿童迷路走失，很多时候是因为家长看管不力。走失的情况有两种：一种是，带年幼的孩子去闹市与孩子走散；另一种是，在家中疏于看管，致使小孩子自己出去，找不到回家的路。

大多数孩子与家人走失后会表现出恐惧、沮丧的表情，有时他们还会哭，人贩子很容易从孩子的这些表现中判断出孩子的处境。这时他们就会耐心地哄骗孩子，假装询问他们家人的情况，还可能会给他们买一些好吃的食物以及好玩的玩具，然后谎称带他们去找家人，但实际上却把他们带往其他的地方。容易被拐骗的孩子，年龄一般都较小，所以很难掌握一些应对骗子的技巧，因此防止该年龄阶段孩子被拐骗的责任，理应由家长承担。

那么，针对以上情况，家长应该如何防范孩子被拐走呢？

1. 尽量不要带年幼的孩子到公共场所

商场、车站等公共场所，人流量较大，情况复杂。家长往往专注于选购商品、试穿衣服等，疏于照看孩子。孩子也很容易因为人流的阻隔，脱离父母的视线。这些都会给人贩子可乘之机。因此，**如果带孩子外出，尽量给孩子穿鲜艳的衣服，便于寻找，并要随时注意孩子是否在身旁或在视线范围内。**

2. 避免让陌生人照看孩子

无论是在居住的小区附近还是在人员复杂的闹市，即使家长有急事，也不要让陌生人帮忙照看孩子，哪怕时间很短。

3. 教给孩子一些"紧急避险"的本领

对于年龄特别小的孩子，他们记不住太多信息，应该给他们随身携带可以证明其自身信息的物品，如在脖子上戴一个写着家庭信息的小牌子，在书包上缝一个写有家庭联系方式的小卡片等。**需要提醒的是：这些标志要放在隐秘的地方，告诉孩子这些卡片不要轻易示人，否则反倒成了骗子利用的工具。**

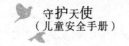

稍大一点的孩子，可以要求他们记住父母的姓名、家里的电话或亲人的手机（至少要记一个）、父母工作单位的全称。告诉孩子如果迷了路可以找附近巡逻值勤的巡警、交警帮忙或拨打 110 电话。还要教孩子认识自己家周围的环境，诸如房子的特征，附近有什么特别的建筑物，住在什么街、什么胡同，以及门牌号是多少，等等。

4. 孩子丢失后及时报案

家长一旦发现孩子走失，务必在第一时间向公安机关报案，因为最开始的 24 小时是寻找孩子的"黄金时间"，及时立案才能有针对性地进行查找。家长一定不要错过找回孩子的时机。

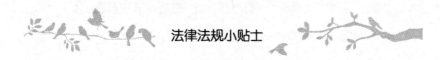

法律法规小贴士

中华人民共和国刑法（2015 年修正本）

第二百四十条 【拐卖妇女、儿童罪】拐卖妇女、儿童的，处五年以上十年以下有期徒刑，并处罚金；有下列情形之一的，处十年以上有期徒刑或者无期徒刑，并处罚金或者没收财产；情节特别严重的，处死刑，并处没收财产：

（一）拐卖妇女、儿童集团的首要分子；

（二）拐卖妇女、儿童三人以上的；

（三）奸淫被拐卖的妇女的；

（四）诱骗、强迫被拐卖的妇女卖淫或者将被拐卖的妇女卖给他人迫使其卖淫的；

（五）以出卖为目的，使用暴力、胁迫或者麻醉方法绑架妇女、儿童的；

（六）以出卖为目的，偷盗婴幼儿的；

（七）造成被拐卖的妇女、儿童或者其亲属重伤、死亡或者其他严重后果的；

（八）将妇女、儿童卖往境外的。

拐卖妇女、儿童是指以出卖为目的，有拐骗、绑架、收买、贩卖、接送、中转妇女、儿童的行为之一的。

别让保姆"拐"走了幸福

● ● ● ·······················

家住北京市朝阳区的罗先生，一天下班回家后发现一对仅 11 个月的双胞胎女儿不见了。

一天后，南昌乘警破获了一起湖北西保姆拐走双胞胎姐妹的案件，被解救的孩子正是罗先生的一对双胞胎女儿。

经过调查发现，原来犯罪分子竟然在罗先生家做过近半年的家庭保姆，两个保姆将雇主罗先生的一对双胞胎女儿带走后登上了由北京开往吉安的列车，准备将这对双胞胎姐妹带到麻城后再转车去黄州。庆幸的是，值班乘警发现她们形迹可疑，将她们带到餐车询问，最终破获了这起拐卖双胞胎的案件。

························· ● ● ●

随着生活节奏的加快和生活水平的提高，许多家庭开始聘请保姆或专职人员看护孩子。但是由于保姆的市场管理机制还不够完善，存在一些漏洞，许多不法分子也混迹其中。在这样的情形之下，孩子被保姆拐卖、绑架的案件层出不穷，一些家庭因此痛失孩子，陷入痛苦的深渊。

作为家长，因该如何避免孩子被保姆拐骗的惨剧发生呢？

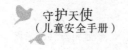

1. 通过正规渠道雇佣保姆

家长在雇佣保姆时应选择正规、有资质的家政服务公司，尽量不要通过熟人或朋友介绍雇佣保姆，更不要贪图便宜，从非法渠道雇佣保姆。

2. 对保姆进行详细了解

家长在聘用保姆前，要尽量了解保姆以前的工作经历和家庭情况。无论是熟人介绍的还是通过劳务市场聘用来的，首先要看她本人的身份证件，以便弄清楚她的真实姓名和家庭住址，必要时要通过电话等方式进行核实，以防止保姆使用假身份证。家长还可以将保姆介绍给邻居认识，并请求邻居协助监督保姆的行为。

3. 签订必要的合同

家长无论通过什么渠道聘用保姆，一定要与之签订尽可能具体的合同。如果雇佣之间只是口头约定，很容易引起纠纷，签订合同便于双方互相监督。

4. 妥善处理关系

保姆是被雇用的工人，不是仆人，也不是亲人，不可以像对待仆人或子女那样随意打骂。家长请到保姆后，要首先建立平等的观念。双方要互相尊重，耐心包容。**家长应避免与保姆产生矛盾与冲突。**

家长在提高警惕的同时，也要教育孩子加强防范。

5. 不让孩子单独和保姆去陌生的地方

家长要告诉孩子，未经父母同意，不要单独和保姆去陌生、偏僻的地方。一旦发现保姆把自己带到了陌生的地方，不论是否有恶意，都要及时想办法离开或者通知自己的父母。

6. 尽量避免孩子和保姆的朋友接触

一个好的保姆不一定会有好的朋友或亲属，因此保姆周围的人群并不见得安全。聘用保姆后，在获得保姆理解与支持的前提下，尽量不要让孩子接触保姆的朋友。

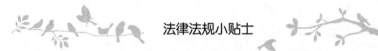 

法律法规小贴士

中华人民共和国刑法（2015 年修正本）

第二百四十一条 【收买被拐卖的妇女、儿童罪；强奸罪；非法拘禁罪；故意伤害罪；侮辱罪；拐卖妇女、儿童罪】收买被拐卖的妇女、儿童的，处三年以下有期徒刑、拘役或者管制。

收买被拐卖的妇女，强行与其发生性关系的，依照本法第二百三十六条的规定定罪处罚。

收买被拐卖的妇女、儿童，非法剥夺、限制其人身自由或者有伤害、侮辱等犯罪行为的，依照本法的有关规定定罪处罚。

收买被拐卖的妇女、儿童，并有第二款、第三款规定的犯罪行为的，依照数罪并罚的规定处罚。

收买被拐卖的妇女、儿童又出卖的，依照本法第二百四十条的规定定罪处罚。

收买被拐卖的妇女、儿童，对被买儿童没有虐待行为，不阻碍对其进行解救的，可以从轻处罚；按照被买妇女的意愿，不阻碍其返回原居住地的，可以从轻或者减轻处罚。

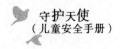
别让坏人"忽悠"了孩子

12岁的小影在放学回家的路上被一个自称是"星探"的人搭讪，说她长得漂亮，皮肤也很好，以后肯定能成为广告明星，并热情地邀请她去公司面谈。

到该公司后，小影先被要求交200元钱的报名费，交完报名费后，她当场就被告知被公司录取了，并且很快就可以拍广告。此时公司又提出，拍广告需要很多专业技术，小影需要再交1500元的课程培训费。小影一心想着自己就要当明星了，把所有的钱都拿了出来。在这个过程中，公司一再告诫她交完钱再告诉家人，好给家人一个惊喜。可是，交了钱的小影等了很久也没有接到公司要她拍广告的电话，打电话到公司，公司推辞说"暂时没适合她的广告"，后来干脆连电话都不接了，小影这才知道自己上当了。

现实生活中，很多孩子虽然还是未成年人，但在性格上表现得很独立，自主性也很强。像小影这样涉世未深的未成年人很容易成为"星探"欺诈的主要目标。孩子们不仅具有很强的好奇心，虚荣心也很强，妄图通过"拍广告"来一夜成名。除了孩子上当受骗外，近几年家长被所谓"有特殊身份"的人诈骗的案件也屡见不鲜。骗子们大多利用家长及孩子崇拜权威、渴望成名等心理进行诈骗。

为了避免家长和孩子的财产与人身安全受到伤害，家长和孩子需要提高识别骗子和应对诱惑的能力。

1. 通过正规的途径进入学校或演艺圈

家长和孩子要想避免受骗，首先要在心理上武装自己，不要被骗子所描述的美好前景给忽悠了。与其说骗子是盯上了孩子，还不如说是盯上了他们望子成龙的家长。"知子莫如父母"，自己的孩子能力如何，家长应该很清楚，要客观地进行判断。如果孩子确有天赋，家长想培养孩子的专长，可通过正规的途径帮助孩子选择才艺班，也可以通过正规的途径让孩子进入艺术学校或演艺圈。

2. 对陌生人要仔细核查

如果有陌生人自称是记者、星探或其他特殊身份的人，家长要仔细审查他们的身份。但**不能只看他们手里的证件，因为这些骗子手中都有假证件和其他假的道具材料**。对付他们最有效的办法是：通过电话或其他方式向其所声称的单位进行核实。通过电话确认是否真有其人，就能确定他们的真假了。

3. 培养孩子遇到事情和父母商量的习惯

家长要告诉孩子，如果有陌生人自称是记者、星探或其他特殊身份的人，要带他去陌生的地方进行采访、试镜或其他活动时，一定不要信以为真，因为真正的记者或星探往往会先跟家长谈，而不是在街上跟你谈。所以，一旦遇到这种情况，最好的方法就是"装聋作哑"，当作没听见，赶紧走开。如果陌生人一味纠缠，可以找借口说："我回家跟爸爸妈妈商量一下。"最好能够拿到他们的名片，回到家后立刻告诉父母，请父母查清他们的底细，必要时，还可以报警。

此外，**家长还应该关注孩子的日常表现，包括花钱、交友、穿着等，及时与他们沟通，做孩子的朋友**。这样，孩子遇到困难时才会与家长商量。

法律法规小贴士

中华人民共和国刑法（2015年修正本）

第二百六十二条　【拐骗儿童罪；组织残疾人、儿童乞讨罪；组织未成年人进行违反治安管理活动罪】拐骗不满十四周岁的未成年人，脱离家庭或者监护人的，处五年以下有期徒刑或者拘役。

第二百六十二条之一　以暴力、胁迫手段组织残疾人或者不满十四周岁的未成年人乞讨的，处三年以下有期徒刑或者拘役，并处罚金；情节严重的，处三年以上七年以下有期徒刑，并处罚金。

第二百六十二条之二　组织未成年人进行盗窃、诈骗、抢夺、敲诈勒索等违反治安管理活动的，处三年以下有期徒刑或者拘役，并处罚金；情节严重的，处三年以上七年以下有期徒刑，并处罚金。

沉着应对盗抢事件

〈案例一〉

昊昊上四年级了，这几天学校收书本费，爸爸妈妈因为工作忙，没时间送昊昊上学，于是便让他自己带着钱去学校。昊昊心里想，如果可以把钱亲自交给老师，老师一定会表扬他独立能力强，一想到这些他就非常高兴。一路上，他总是抑制不住心头的喜悦，把妈妈藏在书包里的钱拿出来数了好几次。

可是到了学校，当昊昊自信满满地准备把钱交给老师的时候，却发现那笔钱不翼而飞了。这时他才想起在上学途中有个人碰了自己一下，看来是那个人把钱偷走了。

〈案例二〉

彤彤和几个同学一块放学回家，她们一路上打打闹闹，很开心。突然，彤彤听见不远处有人大叫了一声。彤彤和几个同学看见两个飞车贼骑着摩托车从马路对面飞驰而过，其中一个还拎着刚抢到手的包。彤彤赶紧拿笔记下了摩托车的车牌号、颜色和飞车贼的着装，并将这些情况告诉了警察叔叔。警察根据彤彤提供的线索，很快就抓住了飞车贼。为此，警察叔叔和老师还特别表扬了彤彤。彤彤告诉他们这都是妈妈教给她的。

当今社会，盗抢的案件并不少见。儿童的心智发育尚不成熟，可能在遇到盗抢后不知道该怎么处理。彤彤平时接受过这方面的系统教育，所以，看到飞车贼盗抢行人的手提包时，能马上记下作案分子的一些特征。可见，我们在日常生活中一定要注意对孩子进行这方面的引导和教育。这样，孩子在遇到类似于盗抢等棘手的事情时才能沉着应对。

1. 运用实例引导孩子应对盗抢

运用实例教导孩子会更有说服力。家长在教育孩子时，**可以把发生在身边的真实案例讲给孩子听，讲完之后再进一步分析下，告诉孩子该如何应对这类事情。**讲得多了，孩子耳濡目染，自然就会记住一些保护自己的方法，即使以后遇到类似的情况也能沉着应对。

2. 教导孩子善于保护生命安全

随着盗窃、抢劫的案件越来越多，教导孩子学会保护生命和财产安全也显得尤为重要。要让孩子知道，**当生命和财产安全受到威胁时，要先保护自己的生命，暂时放弃财产，**时刻把生命安全放在首位。

3. 提高孩子对犯罪分子的认识

要让孩子知道犯罪分子没有固定的模样。他们并不像某些戏剧、电

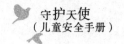
影、电视剧中所表现的那样，长着一副凶神恶煞的坏模样。**在实际生活中，犯罪分子与常人并没有什么不同。**他们可能长得很丑，也可能很漂亮；可能很高，也可能矮；可能胖，也可能瘦；可能是素不相识的陌生人，也可能是你认识的人。

要让孩子知道犯罪分子作案前常常善于伪装。为了骗取他们的信任，犯罪分子在作案前可能会表现得十分可怜，并向别人寻求帮助；也可能表现得十分友好，向孩子们施以小恩小惠，用糖果、玩具、钱物等进行诱骗；或者装扮成亲戚、朋友、维修工人，把他们带到家中。然而，一旦引诱成功，则凶相毕露，十分凶恶。

作为家长，要教孩子远离社会上这些身份不明的人，具备一定的安全防范意识，这样自己的安全才能够得到保障。

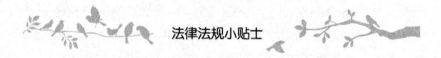

法律法规小贴士

中华人民共和国刑法（2015 年修正本）

第二百六十四条 【盗窃罪】盗窃公私财物，数额较大的，或者多次盗窃、入户盗窃、携带凶器盗窃、扒窃的，处三年以下有期徒刑、拘役或者管制，并处或者单处罚金；数额巨大或者有其他严重情节的，处三年以上十年以下有期徒刑，并处罚金；数额特别巨大或者有其他特别严重情节的，处十年以上有期徒刑或者无期徒刑，并处罚金或者没收财产。

遭遇勒索别懦弱

有一天放学后，刘旭像往常一样背着书包走在回家的路上。突然几个高年级的学生围住了他，不让他走。其中的一个学生往前走了两步，学着电视里的口吻大声说道："此山是我开，此树是我栽，要想从此过，留下买路财。"刘旭心想："我这是遇到勒索了。"于是，他佯装自己今天并没有带钱。

可这几个学生并不相信，威胁刘旭说，如果不把钱拿出来就"修理"他。"我现在一个人，肯定不是他们的对手。先求饶吧，明天再把这件事告诉老师……"想到这，刘旭便装出很害怕的样子向他们求饶，并且保证第二天一定拿钱给他们。那几个学生看刘旭不像说谎的样子，就放他走了。

第二天，刘旭一到学校就把昨天放学路上发生的事，告诉了班主任老师。班主任老师联系学校找到那几个学生，顺利解决了此事，还夸奖他机智聪明。以后放学，那几个高年级学生再也没有找过刘旭的麻烦。

······························· ●●●

无论是上学路上还是放学途中，都隐藏着一些危险。在尽量躲避这些危险的同时，我们也要学会机警地处理。

遇到刘旭这样的事情时应该怎么办呢？

1. 要有防勒索的意识

家长要告诉孩子，平时要有心理准备，社会上以强欺弱的现象是客观存在的，它也有可能降临到你的头上。一旦发生这类事情，必须稳住神，不慌乱，相信自己能够应付这种事情。另外，每天不带过多的现

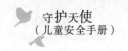
金，上学和放学时结伴而行，尽量避免走人烟稀少的地方，在日常生活中做到财不外露。

2.要大胆呼救，及时逃脱

一旦在路上遇到勒索，不要慌张。如果离学校不远，可以跑回学校求助。如果远离学校，就尽可能向商店、饭店、机关事业单位跑。如果发生在人多的地方，可以大胆呼救，向路上的行人求助，当场揭露对方的行径。

3.要机智勇敢

如果被勒索的地理位置偏僻，对方的人数又比较多，你无法脱身，**可以寻找各种借口故意拖延时间，同时注意周围有没有别的大人或老师经过，一旦有人路过便大喊"救命"**。实在不行，也可以把钱先给他们，以保证自己的人身安全。但事后，不管人身是否受到伤害，也不管被抢的钱物数量多少，都应及时向家长和老师报告。

家长要告诉孩子，如果遇到自己周围的同学被高年级的同学敲诈勒索，切不可采取观望的态度，一定要勇敢地站出来帮助他们。若对方势力过大，自己无力抵抗，要尽快跑回学校通知老师。

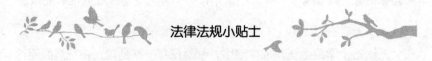

法律法规小贴士

中华人民共和国刑法（2015年修正本）

第二百六十七条 【抢夺罪;抢劫罪】抢夺公私财物，数额较大的，或者多次抢夺的，处三年以下有期徒刑、拘役或者管制，并处或者单处罚金;数额巨大或者有其他严重情节的，处三年以上十年以下有期徒刑，并处罚金;数额特别巨大或者有其他特别严重情节的，处十年以上有期徒刑或者无期徒刑，并处罚金或者没收财产。

请不要走进网友的圈套

一日，湖北省高速公路路政管理大队在黄黄高速公路上巡逻，当巡至 100 千米处时，发现有一个少年在高速上行走。经询问得知：该少年姓汪，是湖南长沙的一名学生，暑假到安徽宿松见网友，到宿松后发现前来应约的是一群小混混，并强行让他请客吃饭。他很快就身无分文，于是决定沿高速步行回长沙，已经走了 5 个小时了。

民警看他已经疲惫不堪，将其带至黄梅服务区，给他买来水和食品后帮其联系了一辆回长沙的客车，并用手机和他的家长取得了联系。

网络是一个虚拟的世界，网友可能是天使，也可能是谋害孩子的恶魔。孩子缺少社会经验，不能清楚地认识到随便交往陌生网友的危险。因此，如何让孩子认清网络交友的危险性是家长十分重要的任务。

下面介绍一些家长和孩子防范和应对网友的建议，这些建议有些是基于对已经发生的案件的分析，有些是经验和基本的自卫常识。

1. 提前给孩子打"预防针"

（1）要了解孩子网上交友的真实情况，并给予指导。

（2）要和孩子讨论已经发生的真实案例，提高孩子对网络危险的警觉性。并提醒孩子即便看到对方是女网友，也不能轻信，因为有些女网友可能是歹徒的"托儿"。

（3）和孩子商量好绝不能单独去见网友。如果情况特殊有重要事情一定要见，必须由男性家长陪同，不能和朋友一起去，而且绝不能去外地或偏僻的地方。

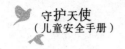
（4）家长要预料到，孩子自己找借口偷偷溜出去见网友的可能性，并加以防范。实在防不住时，要提醒孩子自己出去必须告诉家长去什么地方，一定要带防狼喷雾器，并带着手机随时和家长联系。

2. 见网友的应对措施

（1）不管网友如何请求或威胁，一定不能和他（她）一起去偏僻的地方。孩子一定要随时和家长联系，告诉家长具体情况。

（2）在吃饭时看好自己的饭菜和饮料，中途不要单独离开去厕所。如果必须去，回来后饭菜和饮料就不要再动了。

（3）如果发现网友可疑，应立刻就近向所在地点的工作人员求助，并马上通知家长。如果网友要拖你上车或去偏僻的地方，要大声呼救，抓住身边的物体，同时踢他、打他、咬他，并且向人多的地方跑。如果有自卫武器应立即使用，同时避免被对方夺去。

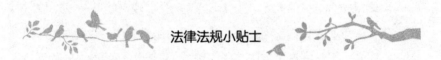

法律法规小贴士

中华人民共和国未成年人保护法（2012年修正本）

第八条　共产主义青年团、妇女联合会、工会、青年联合会、学生联合会、少年先锋队以及其他有关社会团体，协助各级人民政府做好未成年人保护工作，维护未成年人的合法权益。

第九条　各级人民政府和有关部门对保护未成年人有显著成绩的组织和个人，给予表彰和奖励。

行为规范：开启孩子正确的生活态度

善待孩子的"叛逆"

菲菲原本是一个很听父母话的孩子，学习成绩也很优异，她的爸爸妈妈一直为有这样的一个女儿而骄傲。

但是，就在菲菲升入小学六年级后，情况渐渐地发生了一些变化。她的爸爸妈妈发现，以前很乖的女儿现在十分情绪化，动不动就莫名其妙地发火。有时候爸爸妈妈多说两句，她就会十分不耐烦地说："好了，不用说了，我知道该怎么做！"

菲菲的爸爸妈妈以前没见过女儿这样，所以现在面对时常和他们顶嘴，而且压根儿不听自己话的女儿时，他们深感错愕。为此，他们还打电话给孩子的老师，从老师那里得到的反映和他们自己的感受如出一辙。原来菲菲现在在学校也不再像以前那样虚心地接受批评了，每当面对批评时，她都是一脸的不服气，经常狡辩，有时候甚至和老师发生争执。

上述案例中菲菲的情况，或许很多家长都感受过，这些行为是孩子叛逆心理的外部表现。不管哪位家长摊上这样的孩子都会感到苦恼，不

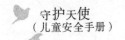
知所措。

随着孩子一天天地长大，他们的身体和心理上会渐渐地出现一些变化，这些变化有时候会让家长觉得，孩子是在触犯自己的威严。其实，随着孩子年龄的增长，认识也在发生变化，这时候就需要家长改变教育方式。家长要经常反思自己，是不是给孩子的压力太大了，是不是太啰嗦了，有没有尊重孩子的想法。一旦发现了疏漏，应该及时改变，调整自己教育孩子的方式。

对于孩子的逆反行为和逆反心理，家长必须掌握一定的技巧，这样才能让孩子从心底里接受批评，并及时改正。

1. 不要单纯地责骂，要温和地讲道理

孩子毕竟还小，无法站在成人的角度全面地考虑问题。所以家长在教导孩子时不要大声呵斥孩子的不当行为，不要单纯地责骂孩子，而是要心平气和地和孩子讲道理。简单粗暴的责骂方式，只会加重孩子的叛逆心理，使孩子更不愿意听家长的话，而且还不利于父母和孩子之间关系的发展。

2. 放下家长的架子，尊重孩子的意见

在和孩子讲道理的时候，家长要像朋友一样和孩子交流。当孩子觉得自己受到平等的对待时，自尊心就会得到极大的满足，这样叛逆的心理就会降低，也会愿意和家长说自己的心里话。**当孩子提出自己的意见时，家长要懂得尊重孩子的想法，先站在孩子的角度，肯定他的想法，再分析其中存在的不足之处。**这样一来，孩子会感受到自己是被尊重、被重视的，也就不会再故意和大人对着干了。

3. 教孩子学会换位思考

处于青春发育期的孩子，独立意识增强，有较强的自尊心，有自己的个性和主张。他们往往会主观地认为家长是错误的，自己才是正确的。这时候，家长可以让孩子学会换位思考，让他站在家长的位置考虑一下，如果当下的问题摆在他的面前，作为"家长"的他，会怎么处理。当孩子学会站在家长的角度考虑问题时，很多问题就迎刃而解了。

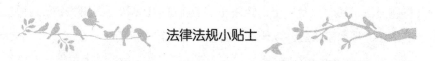

法律法规小贴士

中华人民共和国未成年人保护法（2012 年修正本）

第十条　父母或者其他监护人应当创造良好、和睦的家庭环境，依法履行对未成年人的监护职责和抚养义务。

禁止对未成年人实施家庭暴力，禁止虐待、遗弃未成年人，禁止溺婴和其他残害婴儿的行为，不得歧视女性未成年人或者有残疾的未成年人。

如何教育犯错误的孩子

豆豆是一个活泼好动的孩子，他对家里的东西都特别好奇。有一次他的爸爸妈妈不在家，他就拿着爸爸刚买的剃须刀去给小伙伴"理发"。并且不小心把小伙伴的脑袋剃伤了，邻居发现后，就没收了他的剃须刀。豆豆的爸爸妈妈回家知道这件事后，爸爸看到豆豆就踢了两脚，豆豆在一旁哇哇地哭，就是什么也不说。

有些家长对孩子的要求过于严苛，孩子犯一点错误，就对孩子全盘否定，认为孩子以后不会成才了。这样的家长不允许孩子有一点的瑕疵，孩子一旦犯错，就会严厉惩罚，大声呵责，甚至体罚、打骂孩子，

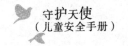
这种做法对孩子的成长是十分不利的。

孩子犯了错误，家长不能熟视无睹、听之任之，要及时给予必要的教育，可以是严肃的批评教育，也可以是适当的惩罚。但无论使用什么样的方法，目的只有一个，就是让孩子清楚地认识到自己的错误，并及时改正。那么家长应该以什么样的教育方式教导孩子呢?

1. 控制好自己的情绪

家长面对孩子的错误时，往往怒不可遏，一气之下又打又骂的。对于较小的孩子，大声斥责往往会使他们受到惊吓，处于恐惧之中，根本没有心思想自己哪里错了。对于稍大一点的孩子，这样居高临下的批评方式，会让他们有一种压抑感，很可能会跟你"对着干"，从而加剧父母与孩子间的对立情绪，激化更多的生活矛盾。

因此，家长要尽量避免在盛怒时管教孩子。在孩子犯错误后，要保持理智，客观冷静地跟孩子分析他犯的错误，孩子会更容易接受家长的批评和建议。

孩子犯错误后，知道自己闯祸了，会心虚，害怕地等待父母的责罚。如果父母没有像孩子预料的那样发怒，孩子就会感到很奇怪，反而会积极认真地听父母的教育。父母异常的举动还能让孩子认识到事情的严重性，促使自己在以后不犯同样的错误。

2. 教育孩子不能随心所欲

对孩子犯的错误要正确看待，不能全盘否定，不能因为孩子犯了一个错误就把孩子说得一无是处。有时孩子犯错误是因为好心办了坏事，有时是因为经验不足，能力不佳。家长在批评孩子时一定要客观分析，一分为二地看待孩子。

3. 只谈眼前，不翻旧账

批评孩子只谈眼前，不翻旧账。有些家长一旦发现孩子犯错后，就忍不住把孩子过去做错的事全都拿出来数落一番。

家长不能老是记着孩子以前不好的地方，让孩子觉得自己在父母面前永无翻身之日，这样是很容易伤害孩子的感情的。孩子从内心里也不愿意接受这种批评。

4. 批评时对事不对人

在批评孩子时，一定要把孩子和事件区别开，**孩子做错了事，我们要告诉他："你这件事做得不对。"而不要说："你是个坏孩子。"**这两句话带给孩子的感受是完全不一样的。如果把问题扩大，针对孩子个人，他们的心灵就会受到伤害。

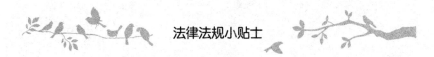

法律法规小贴士

中华人民共和国未成年人保护法（2012 年修正本）

第十一条　父母或者其他监护人应当关注未成年人的生理、心理状况和行为习惯，以健康的思想、良好的品行和适当的方法教育和影响未成年人，引导未成年人进行有益身心健康的活动，预防和制止未成年人吸烟、酗酒、流浪、沉迷网络以及赌博、吸毒、卖淫等行为。

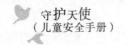
如何改变"偏执"的孩子

阔阔是一个性格偏执的孩子。他要做的事，即使九头牛也拉不回来。比如"十一"期间，他非要去北戴河游泳，妈妈提醒他说："这个季节海里的水太凉了，游泳会感冒的。"可是阔阔不听，妈妈拗不过他，就带他去了，结果得了一场重感冒。

在生活中，有一部分性格偏执的孩子让家长大为头痛，他们常常固执己见，认为只有自己才是正确的，听不得别人的建议；在生活中极端地自信、自负，或无端地自卑；将挫折和失败的原因归咎于别人。面对这些偏执的孩子，父母常常头痛不已，焦虑重重。

为了让孩子健康快乐地成长，家长应该掌握一些方法，逐渐缓解孩子的偏执心理，帮助孩子塑造良好的性格。

1. 创设和谐、温馨的家庭环境

家长要以身作则，言传身教，改变自己不良的性格，尊重、理解孩子，创设民主和谐的家庭气氛。当孩子有了点滴的进步，哪怕是微不足道的，都要及时给予表扬。真诚地肯定、表扬孩子的优点，可以温暖孩子冰冷的挫伤心理，化解其对别人的敌意。

偏执的孩子身上也有许多优点，家长要不断发现他们的优点，激励和赏识他们，使他们的优点不断增多。

2. 让孩子懂得包容、信任和尊重他人

性格偏执的孩子心胸往往比较狭隘，容不下他人，还敏感多疑，很难信任和包容他人。这样的孩子总是将他人的好意视为蓄意利用。还有的孩子不允许别人犯一点错误，一旦有人触犯到他们，便会心生愤怒，恶语相向。

这样的孩子显然不受老师和同学的欢迎。因此，家长需要帮助孩子正确地认识自己，摆正自己的位置。父母要让孩子明白，要想得到小朋友和老师的喜欢，首先要学会尊重他人。当别人犯了错，要帮助别人改正错误，就算没有这样做，也不能横加指责，包容别人的孩子才是好孩子。

3. 教导孩子要勇于承认错误

虽然很多家长都希望自己的孩子能够有主见、有想法，但是家长也不希望自己的孩子固执己见，一条道走到黑。所以，家长在帮助孩子塑造主见的同时，也要注意引导孩子善于倾听，学会分辨。如果别人的建议是对的，就要虚心采纳；如果别人的建议是错的，那就坚持自己的想法，千万不要为了维护自己的面子而固执己见，否则最后吃亏的还是自己。家长要告诫孩子：犯错不可怕，可怕的是明知是错误还不知悔改。

4. 让孩子每天多对着镜子笑一笑

性格偏执的孩子往往不喜欢微笑，他们总是皱着眉，嘟着嘴，满脸不愉快的表情，但微笑是治愈人的良药。所以，家长可以让孩子多微笑，帮助孩子缓解偏执心理，比如每天刷牙的时候，让孩子对着镜子笑一笑；当别的小朋友帮助了自己，要报之以微笑，等等。通过这样的方式，慢慢消除孩子的偏执心理，帮助孩子获得自信。

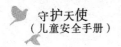

法律法规小贴士

中华人民共和国未成年人保护法（2012年修正本）

第十二条　父母或者其他监护人应当学习家庭教育知识，正确履行监护职责，抚养教育未成年人。

有关国家机关和社会组织应当为未成年人的父母或者其他监护人提供家庭教育指导。

第十三条　父母或者其他监护人应当尊重未成年人受教育的权利，必须使适龄未成年人依法入学接受并完成义务教育，不得使接受义务教育的未成年人辍学。

警惕有自杀倾向的孩子

"下次考试必须80分以上。""看看人家XXX，学习那么努力，你就不能学着点？""爸爸妈妈每天忙前忙后为了谁呀？你不好好努力，你都对不起你自己。"

厦门市某小学五年级的学生小洋，每天都会听到类似的唠叨。有一天放学后，他爬上了8层楼的楼顶，想要从那里跳下去。因为他感到学习压力很大，自己已经很努力了，可还是考不好。他不想上学了，但父母不允许，所以他想通过这种方式与父母谈判。救援人员与小洋僵持了4个小时，终于把他劝下了楼顶。

孩子因为各种各样的事而"寻死觅活"已经不是新鲜事了，这让人不禁感叹，现在孩子的心理是不是也有些太脆弱了！而青少年自杀的现象，也让我们不得不警惕起来。中国健康教育研究所心理健康咨询中心的心理咨询热线最开始设立时，曾经进行过一项统计：热线开通的前9个月，共有2700人打进了热线，其中有146人曾经想要自杀或者尝试过自杀，而这146人中80%以上的人是中小学生。

我们可能会感到疑惑，现在的孩子要吃有吃、要穿有穿，什么事都不用愁，只要乖乖学习、好好成长就行了，他们怎么会去自杀呢？其实不然，现在的家长一般只注重对孩子物质的满足，但孩子的心理健康却被家长忽略了。

不要觉得这样的事情不会发生在自己孩子的身上。在日常生活中，我们要多与孩子接触，及时了解他们的内心动态，帮他们摆脱自杀、自残的念头。

那么，作为家长该如何预防孩子自残或者自杀呢？

1. 了解孩子自残前的负性变化

孩子自残多发生在青春期，对于处在这个阶段的孩子，家长要加倍关心。处于青春期的孩子，人格发展尚未成熟，心理还很脆弱，往往会因为一点矛盾和困难，比如和朋友吵架、与父母关系不和等，就成为他们伤害自己的理由。

统计发现，自残的孩子中有30%的孩子有过自杀的念头或者设想过各种自杀的场景。也就是说，如果家长忽略了孩子的这种行为，接下来可能有更严重的事情发生。

孩子身上的哪些变化是负性变化呢？如平时莫名其妙地发呆、幻想；上课注意力下降，经常走神；莫名其妙地拔自己的眉毛、睫毛。这些行为都预示着他可能会出现自残行为。

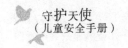

发现孩子有自残倾向后，家长要多与孩子沟通，了解他因为什么事烦恼，并提供自己的建议。如果孩子的病情不见减轻，应及时带他去看心理医生。

2. 了解孩子自杀前的种种征兆

有自杀倾向的人，在日常言语和行为上多少会与正常人有所不同。所以，家长需要了解孩子自杀前都可能有哪些征兆，以此来判断孩子的情绪是否有所变化。一般来说，孩子有自杀倾向时，往往会伴有基本征兆、语言征兆和行为征兆这三种征兆。

基本征兆是一些可能引起孩子自杀的因素，比如有抑郁症的病史，生活中突然发生一些严重的负性事件，长期心理压抑得不到释放，或者曾经有过自杀、自残的经历，以及亲人或朋友中曾经有过自杀的先例，等等。当孩子遭遇这些事情时，家长要格外注意他的情绪变化。

语言征兆是孩子可能会说"我不想活了""活着好没意思"等一类的话；会在网络上和他人讨论一些与自杀有关的话题；还有的会说一些莫名其妙的"嘱咐"与"祝福"，等等。当孩子口中出现这样的话语时，家长也要格外注意。

行为征兆就是孩子会突然表现出一些异常的举动，比如没来由地开始整理东西，并将贵重物品托人保管。或者反复出现一些危险的行为举动，比如对来往车辆不避让，经常站在高处向下看，等等。

我们要对孩子的这些异常表现多加留意。当发现孩子出现这些征兆之后，不要用语言去刺激他，应该及时帮他疏导心理，避免惨剧的发生。

3. 尽量让孩子顺其自然地生活

孩子有自杀、自残的念头，多半是因为心理压力大，因此家长不要给孩子太大的压力，尽量让其顺其自然地生活。

　　超负荷的应试教育、盲目追求学校名次等，都会对孩子的身心健康造成不良的影响，容易形成青少年的"亚健康"状态。家长在日常生活中，要避免给孩子过大的学习压力，也不要让孩子参加过多的辅导班，要顺应孩子的天性，让他快乐地成长。家长还应培养孩子具有健全的人格和健康的思想。

4. 努力为孩子构建一个温馨的家庭

　　环境对一个人的成长有着不可估量的作用。家长要为孩子营造一个温馨的家庭氛围，避免暴力和争吵，要让孩子感觉到来自家庭的温暖与和谐。如果家庭不和睦，很容易给孩子的内心蒙上阴影。所以，**父母要相亲相爱，尽量避免用暴力等方式解决家庭纠纷，让孩子远离这些可能刺激他的不良心理因素。**

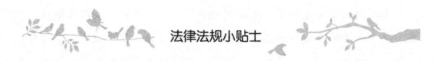

法律法规小贴士

中华人民共和国未成年人保护法（2012 年修正本）

　　第十四条　父母或者其他监护人应当根据未成年人的年龄和智力发展状况，在作出与未成年人权益有关的决定时告知其本人，并听取他们的意见。

　　第十五条　父母或者其他监护人不得允许或者迫使未成年人结婚，不得为未成年人订立婚约。

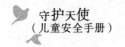

如何面对孩子的攻击性行为

小楠是小学5年级的男孩子。他在学校与同学的关系非常紧张，经常因为一些小事和同学吵架，甚至打架。由于他与同学相处不融洽，所以很少参加班级集体活动。老师批评了小楠几次后，他渐渐地与老师也疏远了，见到老师不仅不主动打招呼，而且对老师的批评常常顶嘴。由于父母平时工作比较忙，与小楠沟通较少，他常因为一些小事，对父母发脾气。如果父母问多了，他就会发火，大喊大叫，很难控制自己的行为。有时就连亲戚喜爱地摸摸他的头，他也会非常生气。

其实以前的小楠并不是现在这个样子，他在上幼儿园时性格温顺，比较胆小，也很听父母的话。父母常常告诉小楠：不要和小朋友打架。如果有小朋友打你，你就躲开或者告诉老师。来家里做客的小朋友如果抢小楠的东西，父母就会说："你别与小朋友抢，给他算了，你去玩别的。"

直到上大班时，有一次，一个小朋友拿绳子勒小楠的脖子，想牵着他走。小楠想起妈妈说过，把绳子勒在脖子上是很危险的。于是，他一下子抢过了绳子，那个小朋友吓得跑掉了。从那以后，小楠像变了一个人似的，常常与小朋友发生争吵。上了小学后，这种状况也没有发生改变，老师教育了几次后，小楠还是不改。于是，在老师眼里小楠变成了不听话的坏学生。

其实，小楠是一个爱学习的孩子，他很爱看书，学习成绩也属于中上等。小楠的自理能力也很强，每天都能自己独立完成作业，管理好自己的文具，而不需要父母帮忙。

每个孩子在成长过程中都会有不同程度的攻击性行为，攻击性行为是个体发展的一种不良倾向，往往会造成人与人之间的矛盾、冲突，不利于形成良好的人际关系。家长要了解孩子产生攻击性行为的原因，做到防患于未然。

小楠产生攻击性行为的原因有3方面。

1. 父母教育的"谦让"太笼统

父母教育孩子要学会谦让，本无可厚非，但是如果这个"谦让"太笼统了，会让孩子感受不到父母的保护和对自己的爱。 小楠的父母要求他一直谦让别的孩子，这在小楠看来，不管是不是自己的错，都要让着其他人，他觉得很不公平。一旦孩子认为连自己的父母都不能体谅自己时，就会不再信任父母，不听父母的话。

2. 错误地认为武力可以保护自己

一次无意识的反抗，让小楠知道只有武力才能保护自己不受伤害，不能靠父母，也不能靠老师。但是年幼的小楠对外界信息过度敏感，别人无意识的伤害都会被他认为是蓄意伤害，所以动不动就使用武力保护自己。

3. 内心积累的负面情绪太多

在学校，老师处理问题很难每次都做到公平公正，学生会有所不满，但一般的学生不会持续很长时间，也不会有泛化行为，影响到学习。小楠有太多的负性经验，父母一味地"偏袒"别人，不听取自己的意见。在学校受到了委屈，老师也不帮助自己。这导致小楠的负面情绪在内心积压，很容易形成不好的脾气，从而产生攻击性行为。另外，出于人类的本能，当人们不能对比自己强大的人或"权威"发泄不满时，就会转而对比自己弱小的人发泄。慢慢地，小楠就成了不受欢迎、爱欺负人的坏孩子了。

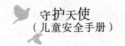
对于小楠这样的孩子，父母要用爱来温暖他。平时多和孩子沟通，了解孩子内心的想法，让孩子感受到来自家庭的爱。父母还要鼓励孩子多参加集体活动，让孩子从活动中学会关爱他人，激发孩子的交往意愿，让其逐步学会控制自己的行为。

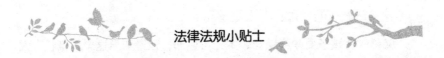

法律法规小贴士

中华人民共和国未成年人保护法（2012 年修正本）

第十六条　父母因外出务工或者其他原因不能履行对未成年人监护职责的，应当委托有监护能力的其他成年人代为监护。

第十七条　学校应当全面贯彻国家的教育方针，实施素质教育，提高教育质量，注重培养未成年学生的独立思考能力、创新能力和实践能力，促进未成年学生全面发展。

孩子自闭，不可小视

悦悦是一所名校的初中生，学习成绩优异，老师们都对她喜爱有加，也常常夸赞她。悦悦的父母更是把这个独生女儿视为掌上明珠，然而她的性格却非常内向，很少与同学交流。

悦悦的父母都是大学生，只有这一个独生女，对她的管教异常严格。为了使自己少犯错误，悦悦自小就养成了不出门与小伙伴玩耍，少说话的习惯。悦悦长大以后，父母又经常叮嘱她："社会太乱，坏人很多，做什么事都要格外小心，晚上尽可能不要外出。"一天晚上，她下晚自习后独自回家，在一个小巷子里，看到有几个男生正围着一个女孩索要零用钱。

父母的叮嘱瞬间变成了亲眼目睹的事实。她害怕得魂不守舍，拼命地往家跑，经过相当长的一段时间，这种恐怖的感觉才逐渐消失。尽管恐怖的感觉消失了，但恐怖的记忆依然存在。每当她看到异性，就会产生极大的恐惧。

最近一段时间，文静的悦悦似乎与同学们更加疏远了，而且老师和同学都发现了一个比较奇怪的现象：不管是阴天还是雨天，悦悦都不忘戴着一副墨镜，神情总是很紧张。

大家都感到非常困惑：悦悦到底怎么了？

悦悦自己也不知道什么原因，她与其他人在一起时，心理上总是感觉有很大压力，有时候还会有种喘不过气来的感觉。为了减轻自己的心理负担，她购买了一副墨镜，希望借助漆黑的镜片去隔绝与他人的眼神交流，以驱散心头莫名的恐惧。即便如此，她还是感到非常压抑、紧张，身心疲惫，人也逐渐消瘦、憔悴，学习成绩更是一落千丈。就这样在矛盾、惶恐、徘徊中，悦悦一点一点地把自己封闭起来了。

.... ● ● ●

自闭倾向指的是一个人在有人的场合，尤其是有陌生人的场合，会感到非常紧张，手足无措，并伴随着异样的行为，比如心慌、不安、脸红、手脚发冷、出汗、语无伦次等。有自闭倾向的人为了挣脱这种不舒服的感觉，通常选择把自己封闭起来，拒绝和别人交往。

自闭倾向严重者，会发展成为自闭症。自闭症指的是一个人把自己封闭在一个相对固定和狭小的环境中，由于断绝了和人的交往而产生的心理方面的疾病。

自闭症已经成为青少年中比较常见的心理疾病，主要的表现是：孤僻、胆怯、自私、任性；不帮助别人，也不接受别人的帮助；忽而自

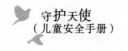

傲，忽而自卑。引发自闭症的因素是多方面的，有遗传因素，也有环境因素。那么家长在生活中要如何避免孩子出现自闭症呢？

1. 创造良好的家庭氛围

如果父母不和，经常争吵，孩子得不到应有的关怀和教育，心灵就会受到创伤，变得孤僻、沉默寡言、闷闷不乐。因此，父母应该为孩子创造一个和睦、融洽、民主的家庭环境，让孩子感受到家庭的温暖，体会家庭的欢乐。

2. 多和孩子沟通交流

缺乏交流和关爱是自闭症儿童的病源所在，所以家长要积极地创设机会与孩子进行沟通。**每天保证有固定的时间单独和孩子进行交流，可以选择在饭后、睡前与孩子交谈，时间控制在 15 ~ 20 分钟内，因为这段时间孩子的注意力是最集中的。**谈话的内容要以孩子喜欢的话题为准。平时，还可以选择一些能激发孩子交往愿望、培养良好交往技能的读物进行亲子阅读。

3. 扩大孩子的生活空间

家长应该让孩子从自我的小圈子里走出来，鼓励孩子多与邻居的孩子一起玩耍。经常带孩子到公园散步，到动物园和植物园看飞鸟动物、奇花异草，到游乐场玩等。如果有条件的家庭还可在家中养些小动物，让孩子在养育动物的过程中，减轻交往的恐惧感，提高交往能力。

4. 增加孩子的"参与"意识

家长可以经常与孩子一起唱歌、跳舞、做亲子游戏。还可以鼓励孩子与自己一起外出购物，让孩子参与简单的家务劳动，或帮助邻居等。这样既可增加孩子的活动量，又可使孩子得到锻炼，受到教育。

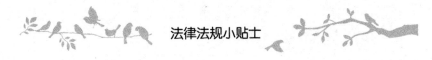

法律法规小贴士

中华人民共和国未成年人保护法（2012年修正本）

第十八条　学校应当尊重未成年学生受教育的权利，关心、爱护学生，对品行有缺点、学习有困难的学生，应当耐心教育、帮助，不得歧视，不得违反法律和国家规定开除未成年学生。

第十九条　学校应当根据未成年学生身心发展的特点，对他们进行社会生活指导、心理健康辅导和青春期教育。

别让代沟成为隔阂

5岁的明明上幼儿园已经有一个多星期了，爸爸妈妈都很好奇，想知道孩子在幼儿园里都做了些什么，可是他却总是"金口难开"。爸爸妈妈问了好久也毫无收获，常常抱怨道："唉！这个小家伙！真不知道他小脑袋里整天都琢磨些什么，想听他说说话好难。"

怎样才能让他开口呢？明明的妈妈冥思苦想了很久。有一天，她换了一种口气问孩子："明明小朋友，喜洋洋很想知道你今天在学校都做什么了？"明明马上就回答道："今天老师教我们唱了《小苹果》。"

其实很多时候，并不是孩子不愿意说话，只是家长的谈话，常常不能引起孩子的兴趣，家长与孩子之间存在代沟。这个时候家长要站在孩子的角度，多了解孩子感兴趣的事情。在与孩子沟通时，多找孩子感

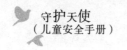

兴趣的话题。有时候孩子需要的仅仅是家长对他们多一点点的关心与包容。

1. 多学习，多接受新鲜事物

父母如果想要和孩子进行良好的沟通，就不能太落伍。适当了解并应用一些新鲜词汇，会让孩子对你刮目相看，也能更快、更容易地走进孩子的世界。比如：当有的小孩和朋友要聊QQ的时候，就会说"我回家Q你啊！"可能有的父母不大理解"Q你"是什么意思，但是只要根据孩子的生活习惯就可以得知，原来就是回家上网聊天。

2. 选对时机与方法

家长要想和孩子沟通，一定要选对相应的时机与方法。**一般来说，越是在快乐的环境下，孩子的"话匣子"越容易打开**。比如，当孩子玩得开心的时候，吃饭的时候。

家长与孩子沟通，要讲究方法和技巧。既然想听到孩子的心里话，就应该保持一定的耐心。当孩子说话时，即使语无伦次，也千万不要打断，否则会影响到孩子的积极性。与此同时，父母们应该摆正自己的位置，要放下架子与孩子平等地对话，不能以高高在上的"强权方式"命令孩子，而应平等地商量。如果老是对孩子指责、批评，那么孩子就不会再愿意和你讲心里话了。

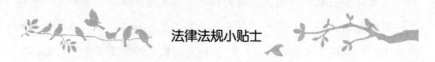

法律法规小贴士

中华人民共和国未成年人保护法（2012年修正本）

第二十条　学校应当与未成年学生的父母或者其他监护人互相配合，保证未成年学生的睡眠、娱乐和体育锻炼时间，不得加重其学习负担。

第二十一条　学校、幼儿园、托儿所的教职员工应当尊重未成年人的人格尊严，不得对未成年人实施体罚、变相体罚或者其他侮辱人格尊严的行为。

别让家庭暴力害了孩子

2009年，广东一个3岁的小女孩因为玩耍时妨碍了父亲看电视，被父亲捂死；2009年，深圳一个5岁的小女孩因为顽皮顶嘴，被脾气不好的父亲打死；2010年，一个8岁的小女孩因为偷拿了两元钱，被母亲打得遍体鳞伤。这些案子，真是令人触目惊心。在上述案件中，所有的施暴家长无一不在事后追悔莫及，只是他们已经无法补救了。

家是孩子的避风港，家庭的关爱是孩子最坚实的依靠。可是，家也并不都是安全的地方，由于家庭暴力而引起的孩子受伤的事件近年来层出不穷。由于生活节奏的加快，家庭中缺乏爱心、尊重、交流、宽容的现象也日益突显。人们的脾气变得日渐急躁粗暴，进而造成家中气氛紧张。各种问题交织在一起，争执、冲突就不可避免，由于缺少宣泄渠道，家庭暴力也就屡屡发生。弱小的孩子自然而然就成为家庭暴力中的受害者。

受传统观念"棍棒底下出孝子"的影响，很多家长认为打骂等体罚见效快，将孩子当成大人对待，缺乏耐心。很多家长"恨铁不成钢"，总希望自己的孩子比别人都强，容不得孩子有任何错误和反叛行为，一旦孩子犯错，就以暴力惩罚。这些都是针对孩子的家暴产生的原因。

直接对孩子施暴，容易使孩子产生恐惧、焦虑、厌世的心理，轻者

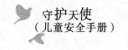

影响孩子的情绪、学习和生活，严重者可能会使孩子离家出走，荒废学业，甚至走上犯罪的道路。家长应该深刻认识到，家暴对孩子带来的伤害是无法弥补的。别让自己无意中变成伤害孩子的歹徒！为了避免自己有家暴行为，家长要做到以下几点。

1. 要有深刻的思想认识

家长应该意识到对孩子使用暴力是违法的，要从思想上拒绝使用家庭暴力；不要把工作或学习中的问题带回家里，家庭不是垃圾桶或出气筒；要和孩子一起多做些有益的活动，如体育运动、看电影、郊游等，既能增强感情又能缓解压力，避免酗酒、赌钱等不良行为。

2. 建立良好的沟通渠道

两代人生活在一起，因为观念和生活方式的不同，冲突难免会发生。这个时候，**家长应该首先找出自身存在的问题，并带头改正，进而和孩子探讨他应该如何去做**。家长要和孩子建立良好的沟通渠道，经常与孩子交流、讨论家庭中的问题及解决方法，所有家庭成员要互相帮助，同心协力，把家建设好。

3. 要给孩子成长的时间

孩子年龄还小，身心正处于发展阶段，良好的行为习惯还未养成，认识水平与自控能力有限，犯错误是难免的。当孩子犯错误后拳打脚踢，是不能从根本上解决问题的。要给孩子成长的时间和空间，让他们慢慢长大。要知道，好孩子不是打出来的！

家长在避免使用暴力的同时，要教会孩子一些应对家庭暴力的方法。

4. 孩子头脑要灵活机智

家长要告诉孩子一旦家里出现暴力，应先避开危险。打电话寻求其他家人和亲戚的帮助，必要时可以直接报警。要告诉女儿如果遭到父、兄的性侵犯，应坚决拒绝并马上离开，尽快向妈妈和其他家人求救。

5. 孩子避免与家人发生正面冲突

家长要教会孩子，一旦出现争吵失控，不要和家人正面冲突，火上浇油。家长和孩子都先回自己房间，睡一觉等第二天气消了再说。一旦家长发火打人，孩子能逃就逃，实在逃不了就认错求饶，事后马上告诉其他家人或亲戚。

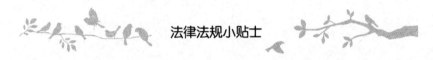

法律法规小贴士

中华人民共和国未成年人保护法（2012年修正本）

第二十二条　学校、幼儿园、托儿所应当建立安全制度，加强对未成年人的安全教育，采取措施保障未成年人的人身安全。

学校、幼儿园、托儿所不得在危及未成年人人身安全、健康的校舍和其他设施、场所中进行教育教学活动。

学校、幼儿园安排未成年人参加集会、文化娱乐、社会实践等集体活动，应当有利于未成年人的健康成长，防止发生人身安全事故。

Part 2

世界太大，
危险太多

守护天使
（儿童安全手册）

居家安全：让家变成孩子安全的港湾

让孩子远离危险地带

兵兵是一名5岁的小男孩，他非常调皮，无论做什么事，都喜欢"玩"着去做。

有一次上厕所时，他感觉马桶很好玩，结果头被卡在了马桶座圈里。原来，兵兵家中的马桶上有一大一小两个座圈，大人的座圈在下面，孩子的在上面。兵兵上厕所时好奇，坐在了大人的座圈上，头往后一靠，脑袋就顺势钻进了小座圈里。

最终，消防员用钢锯锯断了马桶圈，兵兵才得以脱险。

在日常生活中，孩子的性格可能会决定他是否容易受到伤害。因此，家长可以据此判断自己的孩子是不是容易受伤，从而，针对孩子的特殊性加以防范。

意外随时都可能发生，作为家长和儿童监护人，要做到以下几点。

1. 不要让孩子独自待在家中

孩子天生活泼好动，对事物充满好奇心，且不具备安全观念。因此，尽量不要让孩子独自待在家中。

在孩子还不能自己活动的时候，不要把他单独留在危险的地方，包括床上和沙发上。

未满周岁的婴儿，脖子不能自如摆动，所以发生窒息的危险性很大。4 岁以下的幼儿，气道狭窄，再加上他们喜欢抓到东西就往嘴里放，也很容易发生窒息事故。因此，家长应注意不要让婴幼儿玩小型的玩具等物品。总之，家长要让孩子随时在你的视线中，在他做出危险举动时，及时阻止。

2. 在危险地带提前做好防护

随着孩子一天天长大，他开始自己制造一些危险。当他学会走路后，浴室容易湿水，地面特别滑，所以一定要铺上防滑垫。家里的儿童家具要选择椭圆形边的，或者给家具的尖角加上护套，防止孩子摔倒时撞伤。住楼房的家长不要让孩子在窗台上玩，尤其是窗户的锁扣不能轻易让孩子打开，阳台上更不能堆放杂物，以免孩子爬上去从阳台坠落。

3. 对孩子进行必要的安全教育

如果让孩子独自留在家中，家长要提前对孩子进行必要的安全教育，告诉他哪些东西不能碰，并让他知晓相关设施的危险性和安全隐患。

要让孩子远离一些"危险地带"，诸如电器线路密集的地方、厨房灶具区域、窗台、阳台、洗衣机，等等。

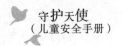

 法律法规小贴士

中华人民共和国未成年人保护法（2012年修正本）

第二十三条 教育行政等部门和学校、幼儿园、托儿所应当根据需要，制定应对各种灾害、传染性疾病、食物中毒、意外伤害等突发事件的预案，配备相应设施并进行必要的演练，增强未成年人的自我保护意识和能力。

第二十四条 学校对未成年学生在校内或者本校组织的校外活动中发生人身伤害事故的，应当及时救护，妥善处理，并及时向有关主管部门报告。

让孩子远离危险物品

2012年5月的一天，北京的一位妈妈在厨房做晚饭时，忽然听见3岁的儿子在卫生间摔倒，孩子号啕大哭。她连忙跑进卫生间，只见孩子的下巴和脖子上都是血。妈妈吓坏了，连忙将孩子送到医院进行清创缝合。

后来才知道，原来是孩子看爸爸每天刮胡子，自己非常好奇，于是便模仿起来。他刚拿起刀片要刮下巴，脚下一滑便摔倒了，刀片刚好把下巴刮伤了。

在家庭中，威胁儿童安全的物品很多。孩子的行动能力远远超出他

050

的理解能力。由于孩子的年龄还小，缺乏对危险的感知力，自我控制力也不够，一旦发现有趣的事情，还不能控制自己。所以，孩子的家庭安全取决于家长，家长要养成良好的安全习惯，以预防安全事故的发生。

1. 保管好易燃的物品

（1）**随手关上厨房门**。在不用厨房时，家长要记得及时关上厨房门，尤其是孩子在家的时候。活泼好动的孩子很可能去厨房寻找他的"新天地"，而厨房的燃气设备，锐利的刀具、餐具都可能导致意外事故。因此，在做完饭菜后或孩子独自在家时，家长应及时锁上厨房门，以保证孩子的安全。

（2）**打火机别乱放**。有的家长爱吸烟，用完的打火机要及时收起来，妥善保管，不要随手放置。很多火灾事故都是由于孩子玩打火机引起的，家长一定要慎重。

（3）及时清理家中易燃物品，如废报纸、废纸盒、塑料泡沫等。

2. 保管好锋利的物品

家中一般都会常备一些修理工具，如螺丝刀、钳子、锯子、锤子、锉刀等。除修理工具外，易伤人的危险品还有剪刀、剃须刀、缝衣针、牙签、钉子等。这些都是容易伤害到孩子的物品，家长要处理好这些物品，用完了马上收起来，放到孩子接触不到的地方。

3. 保管好有毒的物品

4岁以下的孩子看见东西就往嘴里送，所以中毒的危险性很高。作为家长一定要把家中的药品、食品干燥剂、洗涤剂、汽油还有妈妈常用的化妆品等保管好。如果孩子为了好玩，把这些东西弄到皮肤上、眼睛里，或者是误吃，都会导致严重的后果。

4. 警惕"小小模仿者"

孩子都是非凡的模仿者，他们看到妈妈吃药，自己便试图模仿；看

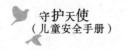

到爸爸使用剃须刀也会想试试。不幸的是，他们对因果关系的理解并不像他们的模仿能力那样成熟。他们还没有能力去预测许多行为的结果，这种能力需要很久才能具备。因此，家长要警惕孩子的模仿行为，避免事故的发生。

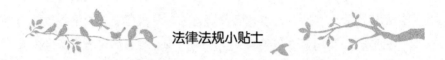

法律法规小贴士

中华人民共和国未成年人保护法（2012 年修正本）

第二十五条　对于在学校接受教育的有严重不良行为的未成年学生，学校和父母或者其他监护人应当互相配合加以管教；无力管教或者管教无效的，可以按照有关规定将其送专门学校继续接受教育。

依法设置专门学校的地方人民政府应当保障专门学校的办学条件，教育行政部门应当加强对专门学校的管理和指导，有关部门应当给予协助和配合。

专门学校应当对在校就读的未成年学生进行思想教育、文化教育、纪律和法制教育、劳动技术教育和职业教育。

专门学校的教职员工应当关心、爱护、尊重学生，不得歧视、厌弃。

小心看不见的电

〈案例一〉

一名5岁的小男孩捡到一根废弃的旧电线，这根电线的铜线还裸露在外面。由于年幼无知，他将旧电线的一端插进插座的插孔，就这样，小男孩的生命瞬间被吞噬了。

〈案例二〉

一天，河北省的杨先生在客厅看电视，儿子坐在地板上玩小汽车。突然，儿子一声惨叫，杨先生转头一看，吓傻了，儿子的手指伸进了墙上的插座孔里，情急中的杨先生忙脱下外套，将孩子拽开，从而避免了悲剧的发生。儿子的性命保住了，但杨先生每每想起来这件事，仍然后怕不已。

孩子的年龄还小，对电的危险性认识不够，因此较易发生触电事故。据统计，儿童因触电而死亡的人数占儿童意外死亡总人数的10.6%。在触电事故中，大多数是因为触碰到电插座发生的意外。那么，家长该做好哪些防护措施以防止意外的发生呢？

1. 做好家电的防护措施

家电的电源线，不要乱接乱拉，减少触电事故的发生。外引的电线只能临时使用，用完立刻收拾好，不能放在孩子伸手可及的地方。所有孩子能够摸到的插座要套上专用的防护罩。所有的电器设备用完后立刻放回安全的地方，如电熨斗、搅拌器、吹风机等。使用风扇或取暖炉时，一定要放在安全的地方。家长选购电动玩具时，要注意电动玩具的

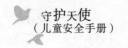
安全性。

2. 加强孩子的安全意识教育

家长平时应认真教育儿童不要玩弄电插座、开关、电线以及各种电器设备，告诉儿童不能用湿手和湿抹布接触电器。

此外，如果父母能掌握一些应对孩子触电的急救措施，不仅会为医生赢得急救前的宝贵时间，还能有效减轻孩子的痛苦，减少留下后遗症的可能。

1. 立即切断电源

当发现孩子触电，首先要切断电源，切记不要用手或潮湿物品直接接触孩子和电源，可用干燥的木棍、塑料玩具等非金属物体将孩子和电源分开，或立即关闭总电闸。

2. 用呼唤或轻拍肩部的方法判断孩子的意识状态

如果孩子的神智还清楚，只是感到心慌、头昏、四肢发麻。要让他平卧休息，暂时不要走动，并在孩子身旁守护，观察呼吸、心跳情况。皮肤灼伤处敷消炎药膏以防感染，因为灼伤也许表面看起来问题不大，但实际上它可能破坏孩子的皮肤、动脉和肌体组织，病情稳定后需去医院做进一步检查。

如果孩子神志不清，出现面色苍白或青紫等现象，必须迅速进行现场急救，同时拨打 120 电话请求帮助。

3. 人工呼吸

如果孩子没有呼吸或呼吸不规则，要迅速进行人工呼吸。对孩子实施口对口吹气：将孩子鼻孔捏紧，施救者吸一口气，包住孩子的嘴，将气吹进孩子的口中，吹气时要观察孩子的胸部，轻微起伏即可，避免过度进气引起肺泡破裂。吹气后要停留 1 秒钟再离开孩子的嘴，使其胸部自然回缩，气体从肺内排出，连续 2 次吹气。

4. 胸外心脏按压

如果进行人工呼吸后孩子仍然没有意识、没有呼吸，就要开始心脏按压。

将孩子放在硬地板上，施救者在孩子的一侧或骑跨在其腰部两侧。两只手十指相叠，手指翘起，用手掌根按在胸骨上 2/3 与下 1/3 的交界处，双臂肘关节伸直，肩、手保持垂直，靠上身重量用力作快速按压，胸骨下压深度为 4～5 厘米，按压频率为 80～100 次/分，有节奏地一压一松，按压与放松时间大致相等。

尽量保证每次按压后的胸部回弹，手掌根不离开胸壁以防错位，尽可能连续按压不中断，直到专业人员到来或孩子苏醒。

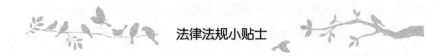

法律法规小贴士

中华人民共和国未成年人保护法（2012 年修正本）

第二十六条 幼儿园应当作好保育、教育工作，促进幼儿在体质、智力、品德等方面和谐发展。

第二十七条 全社会应当树立尊重、保护、教育未成年人的良好风尚，关心、爱护未成年人。

国家鼓励社会团体、企业事业组织以及其他组织和个人，开展多种形式的有利于未成年人健康成长的社会活动。

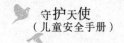
不随便给陌生人开门

重庆市某居民楼内的丁先生家发生了一起血腥的惨案。丁先生年仅13岁的女儿被人残忍杀死在家中，11岁的儿子受重伤。警方破案后发现，犯罪分子竟然是一对不满20岁的情侣，而且他们的杀人动机只是为了劫财。

据犯罪分子交代，两人都没有固定工作，经济上捉襟见肘。他们偶然看到丁先生家的租房广告后产生邪念，于是就借着看房的名义抢劫钱财。当时，丁先生家中只有放暑假在家的一对儿女。两人哄骗孩子说，自己是与其父母约好来看房的。两个没有防范意识的孩子开门让他们进了屋，惨剧就这样发生了。

上面的惨剧告诉我们，孩子的防范意识是多么薄弱。试想，假如这两个年幼的孩子具有一些防范意识，在父母不在家时坚决不给陌生人开门，或者在陌生人进家门前先和父母联系一下，惨剧就不会发生。在这个案例中，家长也要负一部分责任，假如两个孩子的父母在出门前叮嘱他们，不要给陌生人开门，惨剧同样不会发生。

犯罪分子惯常使用的身份，一般是物业人员，抄水表、煤气表人员或者是管道维修人员。他们会利用特殊的身份探听住户的情况，对于这类人，多数人特别是防范心理不强的老人和孩子会不假思索地开门。

也有的犯罪分子，他们往往没有任何借口强行敲门，或者假意敲错门，假意求助，实则是探听虚实。如果家中无人，或只有老人孩子，一旦开门放其进入，后果不堪设想。

针对以上情况，家长应该做好哪些防范措施呢？

1. 做好必要的防护措施

装好防盗门、窗，给家里的门装上猫眼，定期检查门锁等防盗设备是否完好。**告诉孩子单独在家时，最好把门从里面反锁，如果有坏人强行撬锁，可以有效拖延时间。**在电话机旁贴几个离家较近，而且信得过的朋友或亲人的电话，也可以是邻居的电话，以便孩子面临危险时可以及时求助。

2. 不要给陌生人开门

告诫孩子，单独在家时，除了特别信得过的人以外，千万不要给任何人开门。**如果是认识的人，可以委婉地隔着门请他们等爸爸妈妈回来后再来。**如果是陌生人，可以做一个假象，让陌生人以为家中有大人在，如故意大声说，"爸爸，有人敲门！"然后拿出一双大人的拖鞋穿在脚上走来走去，故意弄出声响。如果发现门外的人很可疑，要立刻拨打求救电话，打电话时声音要大，尽量让门外人听到，起到震慑作用。

此外，家长要多注意住所周围最近所发生的事件，如果有危险要及时告诉孩子，做好必要的防范措施。

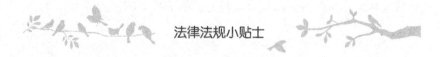

法律法规小贴士

中华人民共和国未成年人保护法（2012年修正本）

第二十八条　各级人民政府应当保障未成年人受教育的权利，并采取措施保障家庭经济困难的、残疾的和流动人口中的未成年人等接受义务教育。

第二十九条　各级人民政府应当建立和改善适合未成年人文化生活需要的活动场所和设施，鼓励社会力量兴办适合未成年人的活动场所，并加强管理。

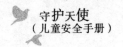
让孩子学会火场自救

瑶瑶今年4岁了，长得粉嘟嘟的，特别讨人喜欢。每天中午，她都会睡午觉。有一次瑶瑶睡了以后，奶奶想去附近的超市给她买东西，但是又担心她睡醒后看不到人会哭闹，于是瑶瑶的奶奶就把钥匙放在楼下的张奶奶那里，让她听见瑶瑶哭就帮忙照顾。

大约10分钟后，张奶奶忽然闻到一股奇怪的味道。她跑出来一看，只见瑶瑶家的窗户正往外冒烟，张奶奶马上意识到着火了，赶紧大喊："着火了！着火了！"邻居们一听，都赶紧来帮忙，由于火势不大很快就被扑灭了。

原来瑶瑶奶奶出去的时候厨房还在炖汤，她认为自己一会就回来，于是就把火调小，心想等瑶瑶醒来就可以喝汤了。瑶瑶奶奶又怕厨房蒸汽太大，于是把窗户开了一道缝。没想到一阵风把易燃的塑料袋刮到了灶上，从而引发了这场事故。瑶瑶的奶奶回来以后，对张奶奶感激不尽，如果不是张奶奶闻到气味早早地发现了，恐怕后果不堪设想。

火灾是指不受控制而发生或扩大并造成财物和人身伤害的灾害。自然燃烧及意外造成的火灾称为天灾，由疏忽引起或蓄意纵火而引起的灾害则属于人为火灾。近几年来，由于人们的防范意识不强，火灾事件常有发生，并且经常威胁到儿童的生命安全。那么，居家生活时家长该如何避免火灾对儿童的侵害呢？

1. 常备必要的防火装备

室内最好安装烟雾探测器或燃气泄漏警报器，以保证及时报警。家中要常备灭火器或灭火毯等消防设备，万一失火，使用灭火器或灭火毯可以及时、及早地扑灭火苗。

2. 正确使用易燃物品

定期检查家中的电线和插座，如有损坏，应立即找专业的电工更换。加热器不要紧靠墙壁、家具和窗帘。不要在地毯下放电线，以免造成地毯着火。不要在家里储存煤油、汽油或其他易燃的液体及已经沾过这些易燃物的抹布。

3. 厨房要重点防火

煤气灶、电灶需购买正规的合格产品。家中如果使用旧式煤气灶，每天睡前应检查煤气开关，并将总开关关闭，防止晚上煤气压力升高，使橡皮接头处脱落而导致煤气中毒。煤气管与煤气灶之间的橡皮管要及时更换，防止因老化而漏气，造成煤气中毒。在炉上煮食物时，要经常注意炉火，以免发生危险。在炉火周围不要放易燃物品（如木筷子、毛巾、布料等）。离开家时不管时间长短一定要熄灭炉火。

对于火灾，社会各方面都严格做好必要的防火工作固然重要，但是我们终究无法阻止意外的发生。所以，父母和孩子都应该加强火场自救技巧的学习，提高应对突发事件的能力，这样孩子们才能冷静、正确地应对突如其来的变故，更好地保护自己。那么，家长应该如何教孩子学会火灾逃生技能呢？

孩子的年龄不同，所具备的能力也就不同。因此，家长要根据孩子的年龄特点，进行指导。

1. 对于 3 ~ 5 岁的孩子

3 ~ 5 岁的孩子，家长要告诉他们，一旦发现着火，不要躲起来，而应该开门大声呼救。**一旦离开了着火的房屋，绝对不要因任何理由返**

回，即使有心爱的玩具、宠物等，也要舍弃。

2. 对于 5 岁以上的孩子

平时教孩子熟记火警电话 119，记住自己家的地址，也要记住自己父母及其他亲属的电话，一旦发生火灾及时求救。5 岁以上的孩子多数能自己离开屋子了，在平时演练时，家长可以带着他们熟悉紧急状况下的逃生路线。

教孩子用湿毛巾捂住口鼻，蹲下身，沿墙撤离。如果门是关着的，教他们通过手背的触摸来判断是否可以打开门。如果门不热，则可以打开门，但是必须蹲下身体。如果门是热的，只能选择另一条逃生路线，比如窗户。但是，一定要告诉孩子，可以开窗呼救，但绝不能跳窗！**在练习中，还要教孩子当身上着火时，不要跑，要躺下，来回翻滚。**

3. 给孩子介绍消防队员

据资料报道，在火灾中死亡的孩子很多是因为害怕消防队员而躲避起来，当他们被发现时多半死在了衣橱里或床底下。

一旦发生火灾，大人惊恐万分，小孩更加如此，因为他们从未见到过这么多的烟雾，而且烟雾报警器的声音也尖锐刺耳，室外消防车的声音也很大。这时一个陌生的人，穿着奇怪的衣服，还戴着头盔，拿着斧头，从烟雾中出现，这种形象会吓坏孩子，因为他们不知道消防队员是来救他们的，所以躲在衣橱或床底下。**因此，家长要让孩子通过看漫画书、看电视节目等途径，了解消防员和消防装备。**

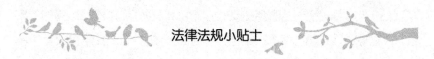

法律法规小贴士

中华人民共和国未成年人保护法（2012 年修正本）

第三十条　爱国主义教育基地、图书馆、青少年宫、儿童活动中心应当对未成年人免费开放；博物馆、纪念馆、科技馆、展览馆、美术馆、文化馆以及影剧院、体育场馆、动物园、公园等场所，应当按照有关规定对未成年人免费或者优惠开放。

让孩子在家里远离摔伤

一天，雯雯的爸爸和妈妈在客厅里包饺子，2岁半的雯雯自己在旁边玩耍。

这时，雯雯想让爸爸妈妈给她拿卧室桌上放的毛绒玩具。爸爸妈妈当时正忙着，让她等两分钟。可雯雯性急，根本等不了，自己踩着旁边的椅子就爬到桌子上去拿了。雯雯伸手拿的时候身子一歪，从椅子上摔了下来。爸爸妈妈听到声响跑过去一看，发现雯雯的头流血了！

听着女儿撕心裂肺的哭声，爸爸妈妈又心疼又自责……

随着年龄的增长，孩子对身边事物的兴趣会越来越浓、好奇心也越来越强。当孩子七八个月会爬时，他会爬着去抓自己想要的东西，因而从高处掉下来的概率也就加大。因此，从孩子会翻身起，家长就要有防止孩子从高处跌落的心理准备，并要做一些必要的防范工作。

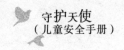
1.注意窗户和阳台

每年都会发生孩子从窗户或阳台上跌落而导致死亡或严重摔伤的事故。因此家长要在窗户和阳台装上一定高度的栏杆。窗户和阳台边不要放置可供孩子攀爬的桌子、凳子等杂物。窗户的锁扣不能轻易让孩子打开。

2.注意家具

幼儿会从任何有高度的家具上摔落，如床、凳子、桌子等。因此家长一定要教育孩子不要攀爬凳子、桌子等家具。当孩子坐在高处时，家长要时刻在旁边看护，家里最好有专门的儿童座椅。对于调皮的孩子，当他坐在椅子上时，要教育他不要站起来。

3.注意地面

地面有水、不平或房间的地板上有玩具、鞋子和其他物体，都有可能使孩子绊倒。因此，家长在过道上不要放置杂物；教孩子在玩完玩具后，要收起来；当地上有水时，要马上擦干；在浴缸或淋浴间内装上扶手并铺上防滑垫。

在做好防范工作的同时，家长还要了解一些孩子摔伤后的急救措施。

大多数孩子在摔伤后，只会在皮肤上出现青紫的痕迹，这一般是皮下出血。单纯性的瘀痕3天左右即可自行吸收。在此期间，家长要注意观察孩子，如果孩子吃、喝、玩、睡都没有异常，就可以放心了。

如果孩子摔倒后，立即哭出来，并且在10～15分钟内停止了，脸色正常，不呕吐，没有发现其他毛病，孩子随后又像原来一样玩，那么孩子大脑受伤的可能性就很小。如果孩子摔倒时头着地，摔倒后立即大声哭出来，但是以后又无缘无故地哭泣，并且呕吐、不愿进食、脸色苍白……当孩子出现这些症状中的任何一种时应及时到医院诊治。

如果孩子摔倒后胳膊、腿、手、脚活动自如，说明这些部位没有骨折。如果孩子手、脚不能动，一碰就疼得哭出来，甚至出现浮肿变形，就有可能是骨折或脱臼了。这时要马上固定好骨折部位，平托着孩子去医院。

如果摔倒后，孩子当场（或稍后）失去知觉并且昏睡不醒，应立即送去医院抢救。

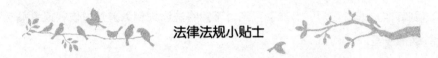

法律法规小贴士

中华人民共和国未成年人保护法（2012 年修正本）

第三十一条　县级以上人民政府及其教育行政部门应当采取措施，鼓励和支持中小学校在节假日期间将文化体育设施对未成年人免费或者优惠开放。

社区中的公益性互联网上网服务设施，应当对未成年人免费或者优惠开放，为未成年人提供安全、健康的上网服务。

厨房危险，不能玩

一位来自上海的妈妈对 5 岁女儿在厨房发生的事故依然记忆犹新："我最怕孩子进厨房了，没想到才走开一下，孩子就遭殃了。那天我在厨房做饭，女儿在客厅看动画片，期间我走到阳台剥大蒜，不想女儿忽然走进厨房，将案合上一壶刚烧开的水弄翻了，开水直接浇到孩子的身上，孩子的胸部、腹部顿时一片红肿。"

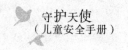
厨房对于孩子来说是很危险的，因为厨房有较多的电器、厨具、刀具等，如果不小心被孩子碰到，很容易伤害到孩子。所以厨房里的安全很重要，家长应该注意以下几个方面。

1. 安置好各种洗涤用品

各种洗涤剂会损伤皮肤和眼睛，如果孩子误服会灼伤和损害消化系统的黏膜。所以家长在购买清洁剂时应尽量挑选毒性低、环保安全的产品。所有的洗涤用品，包括洗碗的清洁剂、洗手液等应放置在孩子够不到的地方或者在柜门上加锁，**绝对不能将洗涤剂倒入盛放过饮料或食品的瓶子里。**

2. 安置好尖锐的物品

菜刀、剪刀和厨房里用的尖锐物品要放在孩子够不到的地方或者在柜门上加锁。孩子也可能会在垃圾桶里翻到扔掉的空罐头或空罐上的金属皮，其锋利的边缘也会弄伤孩子的手，因此这些物品要及时处理掉。

3. 安置好易烫伤孩子的物品

热水壶、茶壶不要放在桌子的边缘，也不能放在孩子伸手可及的地方。灶上锅的手柄要朝里面放，如果有可能尽量在最里面的灶眼上煮粥或熬汤。

打开高压锅时，让孩子离开厨房。因为打开高压锅盖时，如果高压锅内还有压力，会喷出热气，如是热粥或热汤会造成烫伤。

购买烤箱时，要选择双门或带冷却门的烤箱，这类烤箱即使孩子的手碰到，也不至于烫伤。如果家里已有单门烤箱，则应让孩子远离烤箱。

 法律法规小贴士

中华人民共和国未成年人保护法（2012年修正本）

第三十二条　国家鼓励新闻、出版、信息产业、广播、电影、电视、文艺等单位和作家、艺术家、科学家以及其他公民，创作或者提供有利于未成年人健康成长的作品。出版、制作和传播专门以未成年人为对象的内容健康的图书、报刊、音像制品、电子出版物以及网络信息等，国家给予扶持。

国家鼓励科研机构和科技团体对未成年人开展科学知识普及活动。

餐厅用餐的安全习惯

甜甜三周岁生日那天，一家人热热闹闹地聚在一起为甜甜过生日。大家围聚在餐桌旁聊天时，舅舅看到活泼可爱的甜甜，便将她抱起玩了会，然后又把她放回到儿童座椅上了。可是甜甜还没玩够，就一个人从座椅里爬了出来，大人们都没注意到，结果她一下子摔到了地上，头上磕了一个大口子，鲜血直流。一家人惊慌失措，生日聚会就这样被打乱了。

无论在家里吃饭还是外出就餐，家长都应该教导孩子遵守用餐规矩。从小就培养良好的用餐习惯，才能在保证在安全的前提下，吃得既营养又健康。

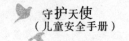
家长应如何保证孩子的用餐安全呢?

1. 餐厅的防护措施

（1）**餐椅不用时要向里推，让椅背紧靠桌边**。不要把椅子从桌子下拉出来，因为刚学走路的孩子可能会顺着椅子向上爬。

（2）**确认桌子的稳定性**。不要选择只在中间有一个支柱的桌面，因为如果孩子用餐时压在桌子的一边，这种桌子很容易翻倒，所以最好选择有四个桌腿的桌子。

（3）**警惕折叠桌和折叠椅**。保证折叠桌、折叠椅打开以后有锁死装置。折叠桌、折叠椅不用时，必须折叠起来或放到别处，以免对孩子造成伤害。

（4）**蹲下来以孩子的高度检查所有桌椅的底面**。检查有没有突出的钉子、尖利的木片和粗糙的边沿。

（5）**将瓷器、玻璃器皿等易碎物品收进柜子里**。注意一定要把柜门关紧，用安全锁锁上。

（6）**餐桌上不要铺桌布**。孩子可能会把桌布连同上面的所有东西都拽下来，东西可能砸在孩子的头上，桌上的热水也会烫到孩子。

（7）**不要将热汤、热粥、热水瓶等放在桌边**。如果孩子能伸手抓到，碰倒后就会被烫伤。

2. 进餐过程中的注意事项

（1）**吃饭时不要逗孩子笑或者惹孩子哭**。家长要创造一个安静的进餐环境，让孩子专心吃饭。吃饭时大笑或者哭都容易使孩子把食物吸入气管，引起窒息。

（2）**应该给孩子使用有带子的围兜或反穿吃饭衣**。这些不会被宝宝拽下来，如果随意用毛巾或餐巾围在孩子胸前，一旦被拽下来，有可能连带着打翻桌上的热汤，从而烫伤孩子。

（3）**吃饭时不要让孩子玩筷子。**因为他们会学大人的样子把筷子放到嘴里，一不小心就会使口腔、上腭及咽喉部等处受伤。

（4）对于年龄较小的孩子，不要给他们吃带核、带刺、带骨的食物。避免孩子不小心吞到气管中发生意外。

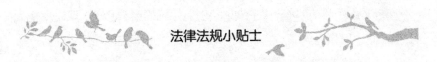

法律法规小贴士

中华人民共和国未成年人保护法（2012年修正本）

第三十三条　国家采取措施，预防未成年人沉迷网络。

国家鼓励研究开发有利于未成年人健康成长的网络产品，推广用于阻止未成年人沉迷网络的新技术。

警惕小游戏里的大危险

一天下午，6岁的洋洋在和爸爸玩"倒挂金钩"时，一不小心头部着地，由于摔得较重，头部缝了10针。

原来，从洋洋很小的时候起，爸爸就和他玩这个游戏：把洋洋的脚倒拎着转圈！孩子对此乐此不疲，爸爸也就愿意"奉献"，而洋洋的妈妈见父子俩玩得开心，也没制止过。可没想到，"人有失足，马有失蹄"，这次把孩子摔伤了。

在听说了洋洋受伤的过程后，医生批评了洋洋的爸爸妈妈。医生表示："这个动作具有相当大的挑战性，最好不要和孩子玩这样的游戏。孩子越小，自我保护意识与配合度就越低，受伤的机会也就越大。不过，

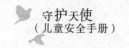
孩子的年龄越大，体重越重，挥动起来的惯性就越大，要停止下来就更加困难，因此一定要注意安全。"

听了医生的话，洋洋的爸爸妈妈感到很惭愧，洋洋的爸爸表示以后再也不和儿子玩这么危险的游戏了。

我们知道，游戏对于孩子来讲是创造快乐的重要活动，可以供他们发挥天性。但作为家长，在保护好孩子创造力的同时，更要注意安全。只有在保证孩子安全的前提下，孩子才能玩得更好。下面是家长应该在孩子做游戏时注意的事项。

1. **注意地面的防滑性和弹性**

孩子的安全意识、防范意识和能力都没有成年人强，因此他们很容易在看似安全的家里摔伤或磕伤。为了避免孩子摔伤，家长最好将整个房间铺上木地板，这样既避免了瓷砖的凉和滑，又不至于因使用地毯而难以打理。另外，家长在孩子游戏的专属区域最好铺放塑胶地毯，这种地毯不仅有弹性，还可以防滑，可以从很大程度上避免孩子受伤。

2. **放置玩具的储物柜要适合孩子**

孩子的力气有限，沉重的大抽屉对他们而言，开关起来是非常困难的，因此，**要想让孩子自己轻松地拿、放玩具，家长最好在购买玩具储物柜时考虑到高度、抽拉难易等问题**。高度适合孩子的身高、开关容易的柜子是家长的首选。

3. **尽量避免刺激性亲子游戏**

对于新鲜刺激的游戏，孩子是最没有"免疫力"的，由于孩子的年龄小，意识不到危险的存在，对好玩的游戏都乐此不疲。比如，很多孩子都喜欢让大人举高高、玩人造秋千等游戏。殊不知，这些游戏都暗藏着危险，因此家长要避免和孩子玩刺激性的游戏。

4.购买玩具时要仔细辨别

现在市面上的玩具五花八门，材质也是多种多样，有木质的、塑料的、金属的，等等。这些玩具中以金属类玩具的危险性最大。很多金属玩具边缘比较锐利，或者有尖尖的角凸出来，因此，家长在购买玩具时要多加注意，以免让这些本来为孩子创造欢乐的东西成为碰伤孩子的"利器"。

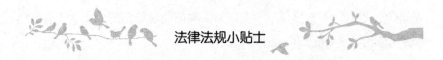

法律法规小贴士

中华人民共和国未成年人保护法（2012 年修正本）

第三十四条　禁止任何组织、个人制作或者向未成年人出售、出租或者以其他方式传播淫秽、暴力、凶杀、恐怖、赌博等毒害未成年人的图书、报刊、音像制品、电子出版物以及网络信息等。

危险动作勿模仿

最近，7 岁的天宇特别喜欢看魔术表演。一天，他对妈妈说："妈妈，你给我买几枚魔术硬币吧，我想学两招绝活，到同学面前显摆一下。"妈妈觉得孩子喜欢变魔术也不是件坏事，就没有想太多，给他买了几枚魔术硬币。

一天晚上，天宇说："妈妈我给你变一个魔术。"说完自言自语道："魔术师说了，要在硬币上蘸点唾沫，才能从脖子后面拿出来。"天宇一边说，一边比划，等妈妈回过神，硬币已经被他吞进肚子里了。妈妈

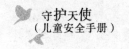

这才意识到出事了，于是带着天宇去医院检查。医生说，天宇的身体没什么大碍，魔术硬币会通过排便排出来。

这样的结果也算是比较幸运的了。但是，如果天宇的妈妈具有教育敏感度，能够意识到模仿这些魔术表演的危险性，不让孩子去模仿，或者告诉孩子应该注意的有关事项，就不会出现这样的麻烦事了。

所以，家长首先要提高警惕，认识到哪些是危险动作，会带来怎样的危害。然后，再教导孩子不要盲目去模仿危险的动作，让孩子从小建立安全意识，进而自觉远离危险。

1. 时刻提醒孩子把安全放在第一位

爱玩是孩子的天性，但是很多时候，天性往往会覆盖警戒心，让孩子只顾着自己玩得高兴，把人身安全抛在脑后。

因此，在日常生活中，家长要时刻提醒孩子，安全是做一切事情的前提，无论做什么事情或玩什么游戏，一定要把安全放在首位。家长还要告诉孩子对于一些危险的动作，除非经过特殊训练，并有相应的保护措施，否则千万不要去模仿。

只要家长经常这样提醒孩子，当他们遇到一些危险动作时，就会想到家长说的话，自然就不会模仿那些危险动作。

2. 让孩子知道哪些是危险动作

家长要想让孩子远离危险动作，就需要让他们知道哪些动作是危险的，是不可以模仿的。比如，爬高、翻墙、高处跳跃、掐脖子、用尖硬的东西戳人等动作，都属于危险动作，是不可以去模仿的。

当电视台播放某些带有危险性的表演时，一般都打出"专业表演，请勿模仿"的警告语，这时候，我们不要只顾着让孩子欣赏惊险的表演，还要对他们进行引导，让他们知道为什么不能模仿。另外，在日常生活中，当我们看到一些危险动作时，也要告诉孩子这些动作是不可以去模仿的。

3. 为孩子选择合适的电视节目

在日常生活中，孩子所做的很多危险动作都是从电视中学到的，所以，**家长要为孩子选择一些健康、有益的电视节目，尽量不要让他们看一些有暴力倾向、虚构的电视剧、动画片等。**

如果孩子接触到一些有暴力倾向、虚构的电视剧、动画片，家长要及时告诉孩子，有些情节是虚构的，是不真实的；有些动作是危险的，是不可以模仿的。

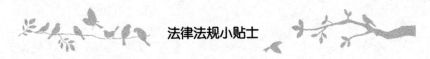

法律法规小贴士

中华人民共和国未成年人保护法（2012年修正本）

第三十五条　生产、销售用于未成年人的食品、药品、玩具、用具和游乐设施等，应当符合国家标准或者行业标准，不得有害于未成年人的安全和健康；需要标明注意事项的，应当在显著位置标明。

04

户外安全：让孩子在玩乐中避险

警惕户外运动潜藏的危险

枫枫今年9岁了，为了提高他的身体素质，星期天妈妈带他去爬山。淡淡的雾霭，缥缈的浮在山巅。山路两边的青草、野花、树木，高高低低，错落有致。看到这些美景枫枫非常兴奋，一路狂奔，把妈妈丢在了后面。由于山路崎岖，枫枫只顾着向前跑，没发现自己的鞋带开了，结果踩到鞋带被绊倒了，刚好磕到路边的石头上，顿时鲜血直流。

户外活动是孩子亲近大自然，释放童心的好机会，但是户外活动对于还在成长期的孩子，也潜藏着一定的风险。作为父母，应该在自己的心肝宝贝尽情玩乐的同时做好安全保护措施和安全教育。

1. 告诉孩子户外运动时的注意事项

在日常生活中，家长应该经常给孩子讲户外运动时应该注意的一些事项。比如，随身物品要准备齐全，带上必要的食物、水等；注意饮食卫生，对陌生人要提高警惕，以防他们怀有不良企图。除此之外，做运动前一定要热身，衣服要束在裤子里并系紧鞋带，以防摔跤；**注意户外**

活动的强度，要适量、适度，凡事量力而为。

2. 选择与年龄相符的户外运动

孩子在成长的过程中，可能对各种体育活动都感到好奇，什么都想尝试一下。此时，一定要让他们明白，有些运动，并不适合他们的年龄。比如，5岁的孩子看到别的孩子玩滑轮车，就会要求家长也给他们买滑轮车，但是滑轮车并不适合5岁的孩子玩，只有不低于8岁的孩子，才有能力玩滑轮车。孩子没到10岁，就要远离碰碰车。这是因为不满10岁的孩子，肌肉、韧带、骨质等都没有发育完善，玩碰碰车极易使孩子肌肉等组织扭伤。13岁以下的孩子不适合进行举重运动，也不适合进行掰手腕等活动，这些活动可能会使孩子的肌肉、韧带等组织拉伤……

3. 教孩子一些户外运动的急救常识

无论处于哪个年龄段的孩子，在户外运动的时候，受伤的事情在所难免，或者可能会遇到其他孩子受伤的情形。所以，家长必须让孩子掌握一些急救小知识，背包里常备纱布、创可贴、消毒水等，让孩子能够自己处理一些意外事故。

另外，家长还应该抓住时机教孩子如何应对中暑、磕伤等意外情况，做到有备无患。

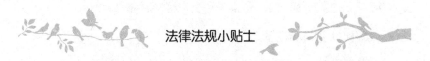

法律法规小贴士

中华人民共和国未成年人保护法（2012年修正本）

第三十六条　中小学校园周边不得设置营业性歌舞娱乐场所、互联网上网服务营业场所等不适宜未成年人活动的场所。

营业性歌舞娱乐场所、互联网上网服务营业场所等不适宜未成年

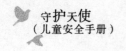

人活动的场所，不得允许未成年人进入，经营者应当在显著位置设置未成年人禁入标志；对难以判明是否已成年的，应当要求其出示身份证件。

指导孩子正确上下楼梯

洋洋刚满 4 岁，在幼儿园上中班。每天早上爸爸妈妈都急急忙忙给洋洋穿衣、喂饭。下楼梯时，为了防止洋洋摔倒，他们都把洋洋抱下去。下午放学接洋洋回家时，没等洋洋踩两步楼梯，就把他抱上楼了。

由于上下楼梯的次数太少，洋洋每天在幼儿园上下楼梯都是颤颤巍巍、摇摇晃晃的。有一次，洋洋在上滑梯的时候，一不小心从上面摔了下来，头上缝了 4 针，这让洋洋的爸爸妈妈着实心疼了好一阵子。

小孩在上下楼梯时摔伤是比较常见的事故。一般而言，孩子 3 岁后，已经能够自如行走了。随着好奇心的增长，对任何事都有一股想试一试的冲动，有的会把头伸进扶栏竖杆间，把头卡在栏杆间；有的在父母不注意时，会摔下楼梯。

那么，家长应该如何避免孩子在上下楼梯时摔伤呢？

1. 楼梯处要精心设置

楼梯和楼梯平台的地毯交接处应完好无损，并且牢牢固定，松脱、翘曲或破烂的地毯容易把孩子绊倒。**楼梯一边要安装一条结实、连贯的扶手，以便孩子攀爬楼梯**。楼梯扶栏之间的间距不要太大，以免小孩把头伸进去栽倒或发生意外事故。保持楼梯干净，不要在楼梯上放置杂物。

2.孩子上下楼梯时，家长要寸步不离

孩子在上楼梯时，家长应紧跟在后面，以防孩子失足；在下楼梯时，家长要走在前面，随时阻挡孩子滚下楼梯。孩子上楼梯时，家长可以鼓励孩子加油；下楼梯时，家长可以提醒孩子慢点，别害怕，因为下楼梯对孩子来说是有难度的。

孩子如果可以自己上下楼梯了，要给他们充分锻炼的机会，放手让他们练习。

3.教孩子爬楼梯的方法

如果孩子爬楼梯不得要领，家长可以教孩子爬楼梯的方法，比如：顺着楼梯右边走，不与对面的行人相撞。并鼓励孩子别着急，也不要害怕，看着脚下的楼梯逐级爬上爬下。

家庭附近有楼梯的家长，首先要加强孩子的安全意识教育，让孩子时时提防，以防止事故的发生。

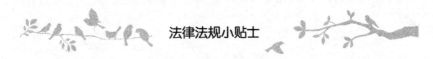

法律法规小贴士

中华人民共和国未成年人保护法（2012年修正本）

第三十七条　禁止向未成年人出售烟酒，经营者应当在显著位置设置不向未成年人出售烟酒的标志；对难以判明是否已成年的，应当要求其出示身份证件。

任何人不得在中小学校、幼儿园、托儿所的教室、寝室、活动室和其他未成年人集中活动的场所吸烟、饮酒。

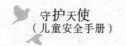

懂得处理孩子的意外小伤

宣宣在幼儿园上中班了，每天放学后他总要在小区游乐场和小伙伴玩一会儿才回家。这天也一样，放学后他和比他大 4 岁的哥哥一起玩捉迷藏，妈妈对他说："宣宣，你和哥哥一起玩，不要跑，小心摔倒了！"宣宣说："好的。"

说完没多久，突然"砰"的一声，宣宣摔倒了。妈妈急忙跑过去把他从地上抱起来，仔细检查后，发现膝盖摔伤了，有点儿红肿，没有出血。"妈妈，好痛啊！"宣宣哭着说。"没关系，只是膝盖摔伤了，没有出血，我们的宣宣最勇敢了，妈妈回家后用冰块给你敷下，就不痛了！""为什么要用冰块啊？"宣宣好奇地问。"因为用冰块的话，受伤部位的血管收缩，就不疼了。明天晚上的时候妈妈再用热水给你敷下，帮助伤口愈合！"

4 ~ 6 岁的儿童好奇心特别强，随着活动能力的不断增强，活动范围也不断扩大，但他们对危险的辨别、防范能力和遇到危险时的应急反应能力还很弱，因此这个时期的孩子容易受到各种意外伤害。

孩子意外伤害的种类很多，常见的有意外窒息、烫伤、骨折、溺水等，其中意外窒息、溺水对孩子的影响非常大，常常导致死亡。因此，家长应做好意外伤害的应急处理。

1. 擦伤

孩子擦伤后，应先观察孩子伤口的深浅。若伤口较浅，仅仅只擦破表皮，用生理盐水冲洗，除去污物即可。如果伤口有出血，除用生理盐水清洁伤口外，还要用浓度为 75% 的酒精由里到外对伤口及周围皮肤进行消毒，伤口表面涂碘酒，保持伤口表面干燥，无须包扎。若伤势较严重，需去医院治疗。

2. 软组织损伤

如果软组织损伤，皮肤无破损，应尽快用手巾浸冷水敷在受伤处，冷敷 1 小时左右，使受伤部位的血管收缩，以减少出血和渗血，也可以减轻局部的肿痛。受伤 24 小时后，如局部有肿痛，可以改用热敷，促进血液循环。如局部肿痛厉害，或肿痛越来越重，受伤部位功能出现明显异常等，应及时去医院诊治。

3. 鼻出血

孩子出现鼻出血后，应立即将孩子抱起取半卧位，安慰孩子，取消毒棉球等擦去流出的血，再用消毒棉球或干净的棉花塞入出血的鼻腔。用手压迫出血的鼻翼，并在孩子前额和鼻根处敷上冷毛巾，几分钟后出血一般可以止住。如果经上述处理后出血仍不止，应在用棉球填塞鼻腔后将孩子送医院治疗。

4. 烫伤

在孩子烫伤的事故中，因开水、热粥、热汤等烫伤的占绝大部分。若发生小面积轻度烫伤，可立即用流动的水冲洗，在凉水中浸泡 15 ~ 30 分钟后，小心脱去衣物。若发生较大面积的严重烫伤，应立即用干净的被单将孩子包裹后，迅速送医院治疗。

5. 气管异物

孩子气管有异物时，会出现呛咳、吸气性呼吸困难、面色青紫等现象，此时可试将手指伸及异物处将异物取出。

如果取异物没成功或在口腔及咽喉部均没发现异物，则应迅速将孩子倒置或头朝低处俯于抢救者的大腿上，在孩子背部两肩胛骨间的脊

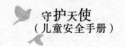

柱部位用掌根以适当的力量拍击数下，异物有可能会松动，甚至可以被咯出。经以上急救处理，不管孩子的呼吸道是否已通畅，异物是否已排出，均应迅速将孩子送医院做进一步检查和治疗，途中仍应采取头低俯卧位，并使孩子保持安静。

6. 骨折

骨折可分为开放性骨折和闭合性骨折两种。

开放性骨折断骨暴露在外，诊断比较容易，闭合性骨折要仔细观察才能确定。一旦发生受伤，局部有肿胀、畸形、不能正常活动等，应考虑有闭合性骨折的可能。急救处理时，固定骨折部位很重要，对于肢体骨折，可用夹板、木棍等将断骨上、下方关节固定。对疑有胸椎、腰椎骨折者，则都应将伤者平卧在木板或门板上，并将躯干及两下肢一同进行固定，然后速送医院救治。

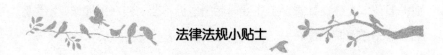

法律法规小贴士

中华人民共和国未成年人保护法（2012 年修正本）

第三十八条　任何组织或者个人不得招用未满十六周岁的未成年人，国家另有规定的除外。

任何组织或者个人按照国家有关规定招用已满十六周岁未满十八周岁的未成年人的，应当执行国家在工种、劳动时间、劳动强度和保护措施等方面的规定，不得安排其从事过重、有毒、有害等危害未成年人身心健康的劳动或者危险作业。

小心孩子掉进"无底洞"

●●● ·····

　　飞飞和妈妈到商场去购物，在从地下停车场出来的时候，妈妈听到"吧嗒"一声，在短短的一瞬间，刚刚还走在自己身旁的飞飞就突然踩空，掉进了一个井盖的缺口中，半截身子都陷了进去。

　　妈妈赶紧把飞飞拉上来，并用两包纸巾和随身携带的维生素E，帮女儿勉强止住了血。虽然飞飞受到了很大的惊吓，却强忍着泪水没有哭，但是妈妈看到女儿这个样子，依然十分心疼。在做好基本的包扎后，妈妈立刻把飞飞带到了医院，做进一步的消毒、包扎。

　　经过医院医生的初步处理，飞飞的身体已经没有什么大碍。此时，医生告诉飞飞的妈妈，一个月里这种事故已发生多起，都是因为没有注意看路而掉进井里前来医治的。除此之外，医生还说，受害者大部分都是中小学生，因为他们在走路的时候，只顾着玩耍，忘记了看路。

····· ●●●

　　下水道与我们的生活息息相关，户外的排水、排污系统都离不开下水道。一提起下水道井盖，大家都深有感触，因为很多人都有过被下水道"暗算"的经历。很多不法分子为了贪小便宜，不惜铤而走险，置大众安全于不顾，盗取井盖。在全国各地，因为下水道没有井盖或井盖松动，小孩与成人掉进去摔伤、扭伤的事件层出不穷，由此引发的机动车交通事故也常有耳闻。

　　除此之外，一些不法工厂生产的"豆腐渣"井盖，以次充好。有些不良房地产商，为了节约成本，购买劣质的井盖。这就会给爱在井盖上玩耍的孩子或无意路过的行人带来潜在的危险。

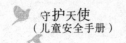

其实，不管是大人还是小孩掉进下水道的危害都是很严重的。除了被摔伤外，下水道还存在着大量的有毒气体。比如一氧化碳、二氧化碳、硫化氢、二氧化硫等，这些有毒气体轻者会使人恶心、头晕、头痛，重者会使人昏迷甚至是死亡。

家长要如何避免孩子掉进"无底洞"呢？

1. 时刻提高警惕

一定要告诉孩子，在走路的时候要集中精力，不要三心二意。**不要在井盖上玩耍，在街道上骑自行车时，应注意观察路面情况。**夜晚路黑或路灯光线不足时更要提高警惕、加倍小心。

特殊天气时也要万分小心。下雨天道路积水很深，孩子上学、放学路上不容易发现井口的位置，很容易掉进去。

2. 及时报告有关人员

家长要告诉孩子，一旦发现井盖损坏、丢失，存在潜在的危险，可以报告巡逻民警或有关管理人员，及时整修，以排除危险。

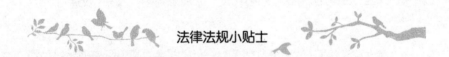

法律法规小贴士

中华人民共和国未成年人保护法（2012年修正本）

第三十九条　任何组织或者个人不得披露未成年人的个人隐私。

对未成年人的信件、日记、电子邮件，任何组织或者个人不得隐匿、毁弃；除因追查犯罪的需要，由公安机关或者人民检察院依法进行检查，或者对无行为能力的未成年人的信件、日记、电子邮件由其父母或者其他监护人代为开拆、查阅外，任何组织或者个人不得开拆、查阅。

仿真玩具手枪会伤人

● ● ● ··

　　"快走，快走，又有人'开枪'了！"一群小男孩在小区内边跑边喊着。原来，这群小男孩各持一把仿真步枪或手枪，在小区内一边大喊，一边胡乱地"射击"。一些胆子比较小的女孩见状，都纷纷跑回了家。

　　一位家长觉得玩具手枪危险想阻止这些小男孩，不料他们满不在乎地说："这里面是塑料子弹，打不死人的。"说着就跑到其他地方去"开战"了。几个男孩还以低矮的树枝做掩护，打一枪躲一下，就像真的战斗场面。不料几分钟后，突然一个小男孩大叫一声，其他人跑过去一看，大叫的那个男孩捂着眼睛，他不小心"负伤"了。

·· ● ● ●

　　许多儿童都因为玩玩具不当而给自己和他人造成伤害。一位儿科医生从长期的门诊中得出结论："因玩具受伤的患者以好动的男孩为主。"

　　现在的玩具枪制作精良，在外形、重量、子弹、内部设置等方面均"精益求精"，很多儿童，特别是男孩子都喜欢玩。

　　曾经有记者对某种玩具枪的威力进行了简单的测试。站在1米外的地方开枪，子弹能轻松击穿10张纸；站在3米外开枪，10张纸仍然能被击穿；站在5米外开枪，子弹能轻松击穿2厘米厚的塑料泡沫。试想，以这种子弹的速度和穿透力，要是不小心打中人的眼睛，会产生多么严重的后果！

　　有的玩具枪在外包装上明确标明未成人禁止使用，所以并非任何玩具枪都可以让孩子随便玩。因此，家长在为孩子购买玩具枪时不仅要注意选择，还要指导孩子如何安全玩耍。

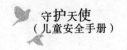
1.认真挑选玩具枪

一两岁的小孩最好给他们买八音枪或水枪代替可发子弹的玩具枪，这样可以避免很多危险。不要给孩子购买那些射程比较远，打出的声音比较响，子弹速度比较快的玩具枪。玩具枪的"子弹"尽量选软头的（如用橡胶、软塑料等制作而成的）。这样的"子弹"打在身上、脸上都没有问题。

2.指导孩子如何安全玩耍

告诉孩子玩能发射枪弹或激光的玩具枪时，枪口不能对人，尤其不能对着人的眼睛。

另外，孩子在玩耍时，如果不小心被异物射入眼睛，家长在就医前做好正确的紧急处理极为重要。

1.氨水、热油等溅入孩子眼内

如果氨水、热油等溅入孩子眼内，应立即扒开孩子的上下眼皮，尽量使孩子的眼睛张大，以最快的速度寻找清水进行充分冲洗。清水可以将残余的化学物质稀释并冲走，把其对眼睛的伤害程度降到最低，然后尽快带孩子去医院救治。

2.被小刀等尖锐器械刺伤眼睛

如果孩子被小刀等尖锐器械刺伤眼睛，发生穿通伤，家长不要随便拔出眼睛中刺入的利器，应用手托住利器。这时如果眼球受损有血或水样物流出，家长千万不可扒开孩子的眼皮或用力压迫孩子的眼睛，因为任何外力都会使眼内容物被挤出，造成失明的严重后果。如果有眼内容物脱出不要自行放还，应用消毒纱布或温毛巾盖住孩子受伤的部位，速送医院救治。

最后，无论孩子发生哪种眼部外伤，家长都要争分夺秒，就近求医，千万不要在路上耗时过长，延误了宝贵的抢救时间。

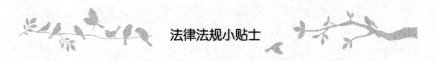

法律法规小贴士

中华人民共和国未成年人保护法（2012年修正本）

第四十条　学校、幼儿园、托儿所和公共场所发生突发事件时，应当优先救护未成年人。

第四十一条　禁止拐卖、绑架、虐待未成年人，禁止对未成年人实施性侵害。

禁止胁迫、诱骗、利用未成年人乞讨或者组织未成年人进行有害其身心健康的表演等活动。

户外玩耍谨防中暑

夏日的周末，天气很好，晴空万里。一大早爸爸妈妈就带着小米到游乐园去玩，小米玩得非常开心。可是下午的时候，她感觉很不舒服，头晕、恶心，还想吐。妈妈摸了摸她的额头，发现她还有一点儿发烧。爸爸妈妈赶紧带她去医院了，医生给小米检查后说小米中暑了……

中暑是指长时间在高温和热辐射的作用下，身体体温出现调节障碍，水、电解质代谢紊乱及神经系统功能受到损害。儿童中暑多发生在夏季，但在寒冷的冬季，6个月以内的婴儿，由于包裹过暖也会引起中暑。一旦发现孩子中暑了，家长不要惊慌，只要采取适当的救助措施，就能使孩子的情况逐渐好转。

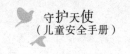

在两种情况下容易引起中暑：一是温度升高，通风不好导致体内的热量不能及时散发；二是长时间在高温和热辐射的环境下，身体大量出汗没能及时补充必要的物质（如水分、糖分、盐分等）。

一旦发现孩子有口渴、体温升高、面色潮红或苍白、大汗、皮肤湿冷、血压下降、脉搏增快等中暑表现，家长要立即把孩子转移到走廊、树荫等阴凉处，或是有电风扇、空调的地方。注意风不能直接吹在孩子身上，可以让孩子躺下，解开孩子的衣服，尽快散热。如果孩子的衣服浸湿，应及时更换干衣服，同时还可以用凉毛巾敷头部降温，洗温水澡也可以。

孩子中暑后，尽量不要让孩子进食，等孩子意识清醒后可以给孩子喝绿豆汤、淡盐水等。中暑后尽量不要让孩子吃油腻食物，以免增加消化系统的负担。

另外，家长还可以通过以下措施预防孩子中暑。

1. 合理安排作息时间

为了避免孩子中暑的情况发生，家长要合理安排孩子的作息和出行时间。如遇高温天气，尤其是每天的中午和午后（11:00 — 14:00），应尽量少带孩子外出，让孩子适当午睡。

2. 注意饮食

夏季天热，孩子的饮食宜清淡，不宜给孩子多吃冷饮。因为凉性食品会损伤孩子的脾胃，使脾胃运动无力，寒湿内滞。宜给孩子多喝些淡盐水、绿豆汤。另外每天给孩子勤洗澡、擦身也可以降温避暑。

3. 做好防晒工作

夏天带孩子出游，如参加野外活动、外出旅游或观看露天体育比赛，要给孩子做好防晒工作。一定要带上防暑工具，如遮阳伞、太阳镜等，不要让孩子在太阳下长时间曝晒，注意到阴凉的地方休息。不要给孩子穿长袖或透气性不好的衣服，这类衣服不利于热气散发，容易中暑。应给孩子穿透气性好、颜色浅、款式宽松的纯棉或真丝的衣服。

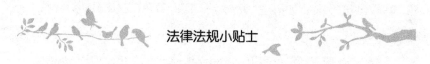

法律法规小贴士

中华人民共和国未成年人保护法（2012年修正本）

第四十二条　公安机关应当采取有力措施，依法维护校园周边的治安和交通秩序，预防和制止侵害未成年人合法权益的违法犯罪行为。

任何组织或者个人不得扰乱教学秩序，不得侵占、破坏学校、幼儿园、托儿所的场地、房屋和设施。

游泳谨防"游泳病"

暑假天气太热，佳佳吵着要游泳，爸爸妈妈就带他去小区附近的一家游泳馆。傍晚回家后，佳佳说眼睛不舒服。妈妈仔细一看，佳佳的眼睛红红的，于是带他去医院检查。医生诊断为红眼病，医生还说，夏季因游泳而感染红眼病的人非常多。

有调查表明，夏天因游泳引发红眼病、急性中耳炎、皮肤病等病症的患者非常多。孩子年龄小、抵抗力弱，感染这些"游泳病"的情况更常见。

儿童耳部的咽鼓管尚处于发育阶段，与成人相比既短粗又平直，位

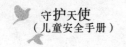

于鼻腔和鼻咽的细菌很容易侵入。一般游泳池的水虽然经过消毒，但因为人多，水质容易受到污染，一些游泳场所会通过加大投药量来保持水质。药物中含有大量的结合性氯，对人的皮肤、头发、眼睛、牙齿、鼻黏膜都会造成伤害，如果是过敏体质，很容易发生过敏性皮肤疾病。

此外，一些人为的不卫生因素也会使池水受污染，如皮肤的排泄物、汗水、鼻涕，甚至小便等，都难免混到水中，也会成为过敏源。

因游泳而感染皮肤病的孩子，通常背部、手部会瘙痒难忍，并有大片红肿。有的孩子在露天游泳池游泳，会发生晒伤，颈后、背部、面部会出现成片的太阳疹。另外，小女孩的外阴发育不健全，尿道短而宽，细菌很容易侵入，可能会让孩子感染泌尿系统疾病。

那么家长应该如何防范孩子患上"游泳病"呢？

1. 去正规的地方游泳

家长带孩子去游泳时，要尽量选择正规消毒、卫生清洁、水质较好的游泳场所，孩子最好使用儿童专用泳池。要给孩子戴防护眼镜，游泳后用生理盐水冲洗眼睛或使用专门的眼药水保护眼睛。

2. 及时清洁

因为泳池中的水会对牙齿、皮肤和头发造成伤害。游泳后最好用流动的清水冲洗全身，彻底清洁身体，以避免感染疾病。为减少消毒剂对口腔的刺激，在游泳后应立即刷牙、漱口。

换衣服时，尽量不要让皮肤直接接触更衣室的凳子。必须坐下的话要在身体下面铺上干净的毛巾。潮湿的环境容易滋生细菌，而且公共场所公用的东西很难保证卫生。

3. 了解游泳的基本常识

如果身上有开放性伤口，要避免游泳，以防细菌感染。感冒痊愈后一至两周内不宜游泳，因为这期间人体抵抗力较差，也容易发生过敏反应。白天如果去露天泳池游泳，一定要涂抹防水型防晒霜，除了防止晒伤，也可以减少紫外线对皮肤造成的伤害。

在水中的时间不宜过久，最好不要超过 3 个小时。游泳结束后，让孩子多喝温开水清洁喉咙，可预防咽喉炎。

另外，由于游泳池属于公共场所，细菌比较多。儿童皮肤特别娇嫩，很容易受到病毒的侵害。因此，家长带孩子游泳后要特别留意，一旦发现孩子身体不适，要立即去医院检查治疗。

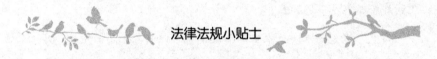

法律法规小贴士

中华人民共和国未成年人保护法（2012 年修正本）

第四十三条　县级以上人民政府及其民政部门应当根据需要设立救助场所，对流浪乞讨等生活无着的未成年人实施救助，承担临时监护责任；公安部门或者其他有关部门应当护送流浪乞讨或者离家出走的未成年人到救助场所，由救助场所予以救助和妥善照顾，并及时通知其父母或者其他监护人领回。

对孤儿、无法查明其父母或者其他监护人的以及其他生活无着的未成年人，由民政部门设立的儿童福利机构收留抚养。

未成年人救助机构、儿童福利机构及其工作人员应当依法履行职责，不得虐待、歧视未成年人；不得在办理收留抚养工作中牟取利益。

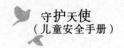
同伴落水勿鲁莽

●●● ·······························

　　2010年8月9日，山东日照烈日当头，气温高达33摄氏度，刚刚睡醒午觉的10岁小学生刘波走到阳台上伸伸懒腰、醒醒眈。他发现在离自己家不远处的一处河里有两个和自己差不多大的孩子在游泳，有一个似乎还不太会游泳，另一个则扮演"老师"的角色，站在岸上用手比划着教那个孩子怎么游。

　　突然，湍急的水流让水里那个孩子呛了口水，他急忙呼救。岸上的孩子没有多想，就跳下水去救伙伴。施救的孩子想抓住伙伴，可怎么也抓不牢，眼看着同伴逐渐下沉。刘波发现后，赶紧拿起电话报了警。随后，刘波在妈妈的陪伴下赶到了河边。值得庆幸的是，由于救援人员来得及时，落水的孩子很快被救了上来。

·······························●●●

　　在上面这个案例中，游泳的那两个孩子从落水到被救的过程真让人忐忑不安，不过好在刘波小朋友急中生智，及时报警，才让溺水者转危为安。

　　孩子的心是最纯洁无瑕的，当面对伙伴遭遇不测时，他们会马上过去帮忙，只是这些善良的孩子们忽略了一点，就是他们自己有没有能力帮助伙伴，而大多数情况下孩子不具备这样的能力。在这种情况下，一旦孩子擅自行动，很可能别人没救成，连自己也搭了进去。

　　家长经常会看到一些报道，说某个孩子为救溺水的同伴，导致自己也葬身水中。为避免类似的事情发生在自己孩子的身上，家长应该教育孩子，在拥有爱心的同时更不要忘了理智地给予他人帮助。当小伙伴出现危险的时候，要在保护自己的同时想办法机智地救助别人。不能逞匹夫之勇，"奋不顾身"地迎着灾难而上，不计后果地紧急施救，这样做的结果往往是悲大于喜，不仅不能成功地救助别人，自己可能也会遭受严重的伤害，甚至与被救者一样无辜丧生。

家长要对孩子加强安全教育，不要让他们随意到外面游泳，否则很容易造成意外事故。当遇到别人落水时，孩子怎样做才是最理智的呢？

1. 不要贸然下水救伙伴

有的孩子认为自己水性很好，看到伙伴落水便马上施救。家长要让孩子知道，**救助落水者是需要很大力气的，如果无法保证自身安全，就不要贸然施救。**

2. 大声呼救，迅速报警

当发现伙伴落水后，不管会不会游泳，第一件事情就是大声呼救。就近寻找电话报警求助，报警时要尽量说清现场位置，不知道地名的要尽量详细地描述周边建筑物的特征。在等待救援的过程中为了防止对方情绪急躁、慌乱，要大声安慰溺水者，让其保持安静，等待救援。

3. 寻找救援工具

遇到突发事件时要保持冷静，观察四周是不是有竹竿、救生圈等救援工具。如果附近有船只的话，可以马上将船划到落水者附近，并将船桨递给溺水者，但需要注意的是，一定要站稳，不要被溺水者拉下水。

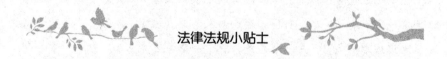

法律法规小贴士

中华人民共和国未成年人保护法（2012 年修正本）

第四十四条　卫生部门和学校应当对未成年人进行卫生保健和营养指导，提供必要的卫生保健条件，做好疾病预防工作。

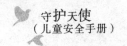

卫生部门应当作好对儿童的预防接种工作，国家免疫规划项目的预防接种实行免费；积极防治儿童常见病、多发病，加强对传染病防治工作的监督管理，加强对幼儿园、托儿所卫生保健的业务指导和监督检查。

划船有危险，莫忘安全

明媚的阳光，清澈的河水，这时候你是不是也想划着一艘小船和湖水来一次亲密接触呢？

暑假里，小敏总是央求妈妈带自己去公园玩，因为公园不仅景色美，还可以划船。一天，妈妈终于带她去公园了，两个人刚坐到长椅上，就听到从湖中央传来一阵喧闹声。小敏和妈妈向发声处看去，原来，不远处两艘相隔不远的木桨船上有两个中学生，互相挥舞着臂膀，叫嚷着要一决胜负。这些木桨船上并没有配备救生圈，学生身上也没有穿任何救生服。

突然，一艘船上的男生拿起了木桨，击打着水面，另一艘船上的男生也把船桨作为工具，用力捞水甩向对方。一场激斗开始了。单薄的小木船因此摇晃得很厉害。坐在船上的几个女生害怕得尖叫了起来，纷纷要求男生不要再闹了。打得正欢的两人不听，继续"战争"，并更加猛烈地敲打着水面。突然一个趔趄，其中一个男生差点跌入湖中，幸好身后的同学一把拉住了他的衣服，才避免了事故的发生。

案例中，几名学生在划船时打闹嬉戏，还没穿救生服，很容易发生事故，每个人都应该对自己的生命负责，不要为了好玩弃生命于不顾。

作为家长，要告诉孩子划船时的注意事项，避免事故的发生。

1. 安全措施必不可少

12 周岁以下的小孩，划船时，一定要有大人的带领和保护，不可私自划船。划船之前，要按照管理人员的要求，穿上救生衣。不要认为自己会游泳，有没有救生衣无所谓或觉得救生衣太难看而不穿，要对自己的生命负责。

2. 划船时不准嬉戏玩耍

划船的时候，不要跳下船游泳，也不要在船上钓鱼或打捞湖里的东西。在船上不能手舞足蹈，更不能和伙伴们打闹嬉戏，一旦小船失去平衡，就会造成事故。划船时，注意避开其他船只，尤其是大船和快艇，以免发生碰撞。

集体乘船时，一定要听从指挥。上下船有秩序，未经许可，不可擅自活动。上船后不抢座或互换位置。如果遇到暴风雨，千万不要在水面停留，一定要及时将船划到岸边。

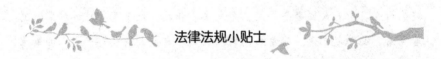

法律法规小贴士

中华人民共和国未成年人保护法（2012 年修正本）

第四十五条　地方各级人民政府应当积极发展托幼事业，办好托儿所、幼儿园，支持社会组织和个人依法兴办哺乳室、托儿所、幼儿园。

各级人民政府和有关部门应当采取多种形式，培养和训练幼儿园、托儿所的保教人员，提高其职业道德素质和业务能力。

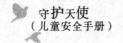
不围观打斗场面

〈案例一〉

一天，坚坚放学后，看到马路一侧某超市门前有人在吵架，出于好奇心便过去观看。由于看热闹的人比较多，10岁的坚坚个头小，看不到里面的情景，便使劲儿挤到人群里去。

原来，是一个卖西瓜的摊贩和顾客打起来了，两个人各说各的理，吵得气势汹汹，吵着吵着，就动起手来。坚坚越看越起劲，心想，这可比看武打片刺激多了。正当他津津有味地观看别人打架时，却因为躲闪不及被人踩了一脚，坚坚连忙弯腰摸脚，结果又被人挤倒了，好不容易才爬起来，可是手和脚都受伤了。

〈案例二〉

9岁的点点有一次在小区门口玩的时候，看到一辆轿车差点撞到路边的行人。行人大骂那个车主，车主也不相让，走下车和对方对骂，骂着骂着，就动起手来，而看热闹的点点因为靠得太前被其中一人的拳头扫到了脸，顿时鼻孔便流出血来。

根据案例，我们可以断定，不管是坚坚还是点点，他们在此之前估计都没有从家长那里得到不要观看打架的教育，不然，他们又怎么会因为好奇而不顾安危呢？

爱玩是孩子的天性，很多危险的地方，在孩子的眼里也是"好玩"的。很多孩子看到打斗的场面，不仅不会感到害怕，还会因为好奇，凑上去看个究竟，他们并不会意识到这有多危险。

但家长应该知道打架的人没轻重，可能会伤害围观者，打斗中的暴力情景，也会对孩子的心理造成不好的影响。作为家长可以从以下两个方面教育孩子不要围观打架场面。

1. 让孩子知道观看打斗场面的危险性

我们常说"君子动口不动手"，但生活中总是免不了碰到打架的暴力场景。在碰到这种情景时，家长要告诉孩子不要因为好奇上前观望，打架场面很混乱，可能会让自己受伤，要把自己的安全放在首位。

2. 避免孩子接触带有暴力的影像

孩子的模仿能力特别强，在电视、电影中看到的打斗场面，他们会照搬到现实中去。

父母要警惕，最好避免让孩子接触这类带有凶杀暴力的影像资料，对暴力性强的动画片也要警惕。孩子如果对这些场景不感兴趣，自然不会上前观看。

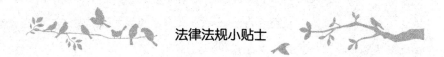

法律法规小贴士

中华人民共和国未成年人保护法（2012 年修正本）

第四十六条　国家依法保护未成年人的智力成果和荣誉权不受侵犯。

第四十七条　未成年人已经完成规定年限的义务教育不再升学的，政府有关部门和社会团体、企业事业组织应当根据实际情况，对他们进行职业教育，为他们创造劳动就业条件。

⑤

饮食安全：舌尖上的警戒线

无处不在的食物中毒

陕西省汉中市勉县新街子镇某小学部分学生于 2010 年 4 月 19 日在饮用了早餐牛奶后，出现胃部疼痛、呕吐等不适症状，立即被送往当地医院进行治疗。随后附近几所学校的多名学生也出现类似症状。与此同时，在陕西省安康市旬阳县城关二中、二小等学校，也有近百名学生在饮用早餐牛奶后出现食物中毒症状。

据相关部门走访了解，这两地学校的早餐牛奶都由陕西省宝鸡市的一家公司配送。事故发生后，当地质监、工商部门以最快的速度成立调查组，封存剩余牛奶并进行调查。值得庆幸的是，因为抢救及时，这些中毒的学生都没有生命危险。

食物中毒一般是指一种因摄取被医源性微生物或有毒、有害物质污染的食物而引起的疾病，主要表现为呕吐、腹泻、腹痛、发烧和头痛等。食物中毒的发生不分时间，一年四季都有可能，但高温多湿的夏季为多发期。引发食物中毒的可能主要有三种。

1. 过敏性食物中毒

这种情况通常是食物被细菌感染，细菌产生的毒性残留在食物内，摄取食物后肠道被毒性物质感染。经过 8 ~ 12 小时的潜伏期后，会出现腹痛和腹泻等胃肠道症状，通常情况下，症状会在 24 小时内消失。

2. 因化学物质引起的食物中毒

因化学物质引起的食物中毒大部分病症是因为摄取了过多的烹饪饮食中所用的调味料和防腐剂等化学物质。一般情况下，症状会在几个小时内自行消失，因此不必惊慌失措。

3. 由毒性食物引起的食物中毒

部分鱼类中含有可能引起食物中毒的毒性，如果食用了这些鱼类，其中的毒性就会作用于神经细胞、神经组织，毒性物质散发出的毒性会引起麻痹，最终导致食物中毒。部分蘑菇和草药也含有一定程度的毒性，在食用这类东西时，应确认这些东西的安全性后再食用。

食物中毒后，最重要的就是要**减少体力消耗，并保持身体的温暖**，可以用电暖设备比如电热毯、电暖宝等为腹部和手脚保暖，通过这些办法可以减少腹痛和不适感。

食物中毒后，应想方设法将毒性物质排出体外，所以在呕吐或腹泻时立即吃药并不可取，必须在医生的指导下吃药。频繁的腹泻可能会引起脱水，导致体内水分不足，若患者可以喝水，宜少量多次地饮用，但一定不能饮用果汁或含有碳水化合物的饮料。

症状发作后的第一天不能吃饭，只能摄取水分、维生素和盐等，然后根据病情好转的程度，从流食开始逐渐增加食物的浓度和量。

此外，家长还应该知道如何避免食物中毒。

1. 食物的选购

不要光顾无营业执照的小贩，因为他们烹调食物的环境和方法大多

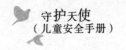
不符合卫生标准。选购包装好的食品和罐头时，要注意包装上是否标明有效日期和生产日期。如果没有标明日期的食品尽量不要购买。另外在选购罐头时，也要注意罐头的外形是否变形。在选购蔬菜和水果方面，不要迷信蔬菜和水果完美的外表，因为过分完美的外表往往是大量喷洒农药的结果。

2. 食物的处理

一般的细菌只能存活于正常的室温，在过高或过低的温度下，细菌不易繁殖，因此**充分将食物煮熟，是保障饮食卫生的最好方式**。选择食用新鲜的食品时，彻底洗净食品及相关处理用具十分重要。洗蔬果最好的方法就是先用水浸泡，再仔细清洗。

3. 食物的储存

热菜尽量一顿吃完。烹饪过的食物在空气中放置 4 ~ 5 小时后，会滋生大量的病原菌，容易引起食物中毒，所以热菜尽量一次性吃完，不留剩饭。**热食需要放凉后再放到冰箱里，因为热食的温度会使冰箱内的温度上升，从而腐蚀周围的食物。**食物即使放在冰箱，也会慢慢滋生细菌，所以食物放在冰箱的时间不宜过长。

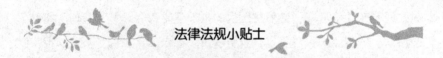

法律法规小贴士

中华人民共和国食品安全法（2015 年修正本）

第三十三条　食品生产经营应当符合食品安全标准，并符合下列要求：

（一）具有与生产经营的食品品种、数量相适应的食品原料处理和食品加工、包装、贮存等场所，保持该场所环境整洁，并与有毒、有害场所以及其他污染源保持规定的距离；

(二)具有与生产经营的食品品种、数量相适应的生产经营设备或者设施，有相应的消毒、更衣、盥洗、采光、照明、通风、防腐、防尘、防蝇、防鼠、防虫、洗涤以及处理废水、存放垃圾和废弃物的设备或者设施；

(三)有专职或者兼职的食品安全专业技术人员、食品安全管理人员和保证食品安全的规章制度；

(四)具有合理的设备布局和工艺流程，防止待加工食品与直接入口食品、原料与成品交叉污染，避免食品接触有毒物、不洁物；

(五)餐具、饮具和盛放直接入口食品的容器，使用前应当洗净、消毒，炊具、用具用后应当洗净，保持清洁；

(六)贮存、运输和装卸食品的容器、工具和设备应当安全、无害，保持清洁，防止食品污染，并符合保证食品安全所需的温度、湿度等特殊要求，不得将食品与有毒、有害物品一同贮存、运输；

(七)直接入口的食品应当使用无毒、清洁的包装材料、餐具、饮具和容器；

(八)食品生产经营人员应当保持个人卫生，生产经营食品时，应当将手洗净，穿戴清洁的工作衣、帽等;销售无包装的直接入口食品时，应当使用无毒、清洁的容器、售货工具和设备；

(九)用水应当符合国家规定的生活饮用水卫生标准；

(十)使用的洗涤剂、消毒剂应当对人体安全、无害；

(十一)法律、法规规定的其他要求。

非食品生产经营者从事食品贮存、运输和装卸的，应当符合前款第六项的规定。

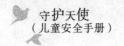
不随意进食补品

芳芳的妈妈发现女儿长得比同龄孩子瘦小，以为是营养不够。担心女儿的她买了很多高营养、高热量的食物，比如牛初乳、牛羊肉等，天天换着方法给孩子做着吃。

一段时间后，芳芳开始出现大便干燥的情况，而且隔两三天才大便一次。以至于芳芳看到妈妈做的饭就哭着闹着"不吃，不吃"。无奈之下，妈妈带着芳芳来到一家中医院。经过一位中医专家的仔细诊断，芳芳属于热性体质，根本不该吃这么多"热性"食物，如此一来不但会增加孩子的消化难度，还会产生心烦气躁等不良情绪。

听了医生的话后，芳芳的妈妈开始按照医生的嘱咐给女儿制作食物。经过一段时间的调养，芳芳的不适症状好了很多，胃口也越来越好了。

在日常生活中，我们不难发现，每个人喜欢的口味有很大差别。有的人吃了某种食物就拉肚子，有的人吃了某种食物就长痘。这都是因为人的体质不同。

遗憾的是，并不是每一位家长都能够明白这个道理。为了孩子的健康，家长会把一切自认为有营养的食物都拿给孩子吃，而不去分析孩子的体质是否和这些食物相匹配。这样做不但不能为孩子补充营养，反而可能起到副作用。

每种体质都有适合它的饮食，因此我们建议每一位家长，在了解孩子的体质后，再搭配相应的食物。

孩子的体质由两部分决定：先天的身体条件和后天的调养。后天调养中，人的体质与饮食、运动、气候及生活环境都有关系，其中饮食起主要作用。下面是几种常见的体质及其适合食用的食物。

1. 虚性体质

虚性体质的孩子会出现面色发黄、不爱说话、不喜欢运动、不爱吃饭、大便少等常见症状。这样的孩子很容易患小儿贫血和反复呼吸道感染。

我们建议家长多给孩子吃羊肉、鸡肉、牛肉、海参、虾蟹、木耳、核桃、桂圆等，忌吃苦寒生冷型的食物，如苦瓜、绿豆等。

2. 湿性体质

如果你的孩子体型肥胖、行动迟缓、反应慢，而且大便稀，那么你的孩子很可能是湿性体质。这种孩子很容易患上高血压、血脂稠。

高粱、薏仁、扁豆、海带、白萝卜、鲫鱼、冬瓜、橙子等对改善孩子的体质是很不错的选择，能达到健脾、祛湿、化痰的效果。切忌吃石榴、蜂蜜、大枣、糯米、冷冻饮料等甜腻酸涩型食物。

3. 寒性体质

寒性体质的孩子一般会身体偏凉、面色苍白、胃口小，吃生冷食物容易腹泻。

可以给孩子吃羊肉、牛肉、鸡肉、鸽肉、核桃、龙眼等食物，要想给孩子养脾，不要吃西瓜、冬瓜等寒凉类型的食物。

4. 热性体质

如果你的孩子怕热喜凉，体格强壮，脾气有点暴躁，胃口好但大便干燥，那么他属于热性体质。这种体质的孩子血热，情绪易激动，容易患上咽喉炎，此外感冒后容易转为高烧。家长应该让孩子多吃些清淡的食物，少吃或不吃油炸等热量高的食物。

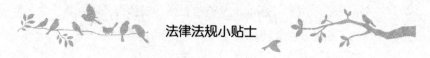

法律法规小贴士

中华人民共和国食品安全法（2015年修正本）

第三十四条 禁止生产经营下列食品、食品添加剂、食品相关产品：

（一）用非食品原料生产的食品或者添加食品添加剂以外的化学物质和其他可能危害人体健康物质的食品，或者用回收食品作为原料生产的食品；

（二）致病性微生物，农药残留、兽药残留、生物毒素、重金属等污染物质以及其他危害人体健康的物质含量超过食品安全标准限量的食品、食品添加剂、食品相关产品；

（三）用超过保质期的食品原料、食品添加剂生产的食品、食品添加剂；

（四）超范围、超限量使用食品添加剂的食品；

（五）营养成分不符合食品安全标准的专供婴幼儿和其他特定人群的主辅食品；

（六）腐败变质、油脂酸败、霉变生虫、污秽不洁、混有异物、掺假掺杂或者感官性状异常的食品、食品添加剂；

（七）病死、毒死或者死因不明的禽、畜、兽、水产动物肉类及其制品；

（八）未按规定进行检疫或者检疫不合格的肉类，或者未经检验或者检验不合格的肉类制品；

（九）被包装材料、容器、运输工具等污染的食品、食品添加剂；

（十）标注虚假生产日期、保质期或者超过保质期的食品、食品添加剂；

（十一）无标签的预包装食品、食品添加剂；

（十二）国家为防病等特殊需要明令禁止生产经营的食品；

（十三）其他不符合法律、法规或者食品安全标准的食品、食品添加剂、食品相关产品。

路边食物别乱吃

甜甜上小学三年级了，长得胖乎乎的，是个小馋猫。爸爸妈妈上班很忙，奶奶经常给甜甜一些零用钱，让她饿了就自己在校门口买东西吃。

有一天早上，甜甜没吃早饭就出门了。路上她看到一个卖豆腐脑的小摊，刚好肚子有点饿，就在那里吃早餐了。这是一个临时搭起来的简陋的小棚子，除了卖豆腐脑外，还卖油条、包子、稀饭等，地面黑漆漆的，像是有一层厚厚的油渍，桌椅也很破旧，旁边还堆着没来得及收拾的垃圾。

甜甜吃了一碗豆腐脑后，还买了两个包子边走边吃，吃饱后满意地回教室上课了。上第一节课时，甜甜觉得肚子好像有点不舒服，她没在意，下课后，照样和朋友们一起玩跳皮筋。可是刚上第二节课，甜甜就觉得胃里一阵阵地绞痛，而且恶心想吐。同桌看到甜甜面色蜡黄，赶紧举手告诉了老师，老师将甜甜送进医院后。经检查发现，原来甜甜是吃了已经霉变的东西导致食物中毒。甜甜说她早上在外面吃了豆腐脑和包子。

经检验，果然是那家摊主用已经发霉的黄豆做成豆腐脑卖给孩子们吃，才导致孩子中毒的。经过这次事情后，甜甜再也不敢随便在外买东西吃了。

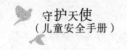
孩子的消化系统比较脆弱，日常生活中尤其要注意饮食卫生，否则就会引起疾病，危害健康。"病从口入"讲的就是这个道理。

家长可以参考以下标准，判断自己的孩子是否具有不良的饮食习惯。

（1）有了零花钱就随意买零食吃，从来不看食品是否合格。

（2）在环境卫生很差的餐馆就餐。

（3）吃东西不注意冷热和禁忌，什么好吃就吃什么。

（4）用餐前，不洗手也不检查餐具是否干净。

（5）吃别人吃过的东西。

（6）随便吃陌生人给的东西。

（7）一群人共用餐具。

（8）吃可能已经霉变的食物。

如果你的孩子符合以上至少3条，证明你的孩子存在不良的饮食习惯。为了保证我们的健康，在饮食时我们都需要注意什么呢？

1. 养成饭前便后洗手的好习惯

我们的手每天都会接触各种各样的东西，随时都有可能沾染病菌、病毒和寄生虫卵，稍有不慎，便会将病毒带入口中。因此家长要让孩子养成饭前便后洗手的好习惯。

2. 注意饮食卫生

生吃瓜果时，要用果蔬清洗剂仔细地清洗干净或削皮后再吃。不要随便吃野菜、野果，野菜、野果的种类很多，有的含有对人体有害的毒素，缺乏经验的人很难辨别清楚。不喝生水，水是不是干净的，仅凭肉眼很难分清，清澈透明的水也可能含有病菌、病毒。

3. 挑选符合卫生标准的食品

不到没有制售资格和卫生许可证的小饭馆、小摊点、流动摊点买食品、吃饭。买食品时要看商标、出厂日期、有效期和合格证。不买假冒伪劣产品，不买、不吃过期或腐烂的食品、蔬菜、水果。

家长一定要让孩子养成良好的饮食习惯，只有这样才能保证孩子健康成长。

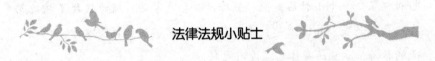

法律法规小贴士

中华人民共和国食品安全法（2015 年修正本）

第三十六条　食品生产加工小作坊和食品摊贩等从事食品生产经营活动，应当符合本法规定的与其生产经营规模、条件相适应的食品安全要求，保证所生产经营的食品卫生、无毒、无害，食品药品监督管理部门应当对其加强监督管理。

县级以上地方人民政府应当对食品生产加工小作坊、食品摊贩等进行综合治理，加强服务和统一规划，改善其生产经营环境，鼓励和支持其改进生产经营条件，进入集中交易市场、店铺等固定场所经营，或者在指定的临时经营区域、时段经营。

食品生产加工小作坊和食品摊贩等的具体管理办法由省、自治区、直辖市制定。

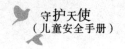
安全用药家长必知

〈案例一〉

4 岁的豆豆在家里翻出一个盛药的瓶子，就把里面剩余的几粒药当糖吃了。一个小时后，他直冒冷汗，脸色苍白。父母发现了被他扔在一边的药瓶，知道他是乱吃了药，马上将其送往医院就诊。经过医生的救治，豆豆的身体已经没有大碍。

〈案例二〉

多多 4 岁了，有一天身上起了些红疹，妈妈没太放在心上，找了支红霉素软膏给她抹了抹。没想到第二天，多多的红疹更多了，而且涂抹过红霉素软膏的地方还红肿起疱，吓得妈妈赶紧带她去医院。医生诊断说多多病情加重，是因为滥用红霉素软膏导致了药物过敏。

日常生活中，家里的孩子难免会生些小病，有些家长为了方便就会根据自己的经验到药店买熟悉的药品给孩子使用。有时候，这种做法的确有效，但是存在很大的安全隐患。毕竟大多数家长对一些疾病的认识只是一知半解，没有系统的医疗护理知识，自行用药，很容易出现判断失误，让孩子吃错药。所以，为了安全起见，家长最好带孩子去医院就医。

那么，作为家长该如何给孩子安全用药呢？

1. 严格遵循药品说明书与医嘱

给孩子用药时应遵循药品说明书，并向医生询问药物如何使用。如果药品说明书的用量与医生或药剂师说的不一样，应立即向医生或药剂师问清情况，得到医生的确认后再用药。错用剂量会出现意外的危险。给孩子喂药时应尽可能精确，茶匙的大小差别很大，要确认医生说的"喝一勺"应该是多少。**最好选择有刻度的喂药工具给孩子喂药，不要随意增加孩子用药的剂量，也不要按成人一半的剂量给孩子用药。**

2. 不要自己充当医生的角色

中国有老话叫"久病成医"，但每个人的体质、体重不一样，用药的药量也就不一样。家长不要为了方便，觉得病症一样，就把其他孩子的药拿来给自己的孩子吃。每种药的药效不一样，不要认为孩子吃的药不起作用，就自行给孩子换药。如果确实有需要，应先得到医生的许可。

3. 注意孩子对哪些药过敏

看病时应向医生说明孩子对哪些药过敏，避免医生给孩子使用可能导致过敏的药。

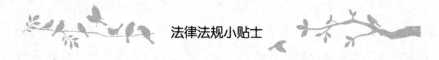

法律法规小贴士

中华人民共和国食品安全法（2015 年修正本）

第五十七条　学校、托幼机构、养老机构、建筑工地等集中用餐单位的食堂应当严格遵守法律、法规和食品安全标准；从供餐单位订餐的，应当从取得食品生产经营许可的企业订购，并按照要求对订购的食品进行查验。供餐单位应当严格遵守法律、法规和食品安全标准，当餐加工，确保食品安全。

学校、托幼机构、养老机构、建筑工地等集中用餐单位的主管部门应当加强对集中用餐单位的食品安全教育和日常管理，降低食品安全风险，及时消除食品安全隐患。

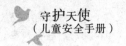
小心进食，以防被噎

〈案例一〉

妞妞一岁半了，胃口很好，平时只要拿到饼干、小馒头就会自己抓着往嘴巴里送。一天中午，妞妞的妈妈饿了，但午饭还没有准备好，妈妈就拿出馒头吃。妞妞看到后咿咿呀呀地指着要吃，妈妈就给了她一块馒头，让她拿在手里自己吃。可妈妈一转身的工夫，妞妞就被噎住了，小脸憋得通红，气喘不出来，小手四处乱抓。妈妈手忙脚乱地给妞妞拍背，想把馒头拍下去，可是越拍好像堵得越严重。妈妈吓坏了，赶紧抱起妞妞去医院……

〈案例二〉

2013年2月份，一名6岁的小男孩没注意把杏核卡到了喉咙里，而且卡住后怎么也咽不下去，孩子疼得直哭，父母赶紧将他送到医院。经过医生的抢救，杏核被取出。幸运的是，孩子的生命没有大碍。之后，他的父母再也不敢将杏核给他吃了。

家长都希望自己的孩子吃得越多越好，这样才能长身体。当有的家长看到孩子狼吞虎咽时，甚至会窃喜，觉得自己的孩子吃饭香，食欲好。其实不然，孩子狼吞虎咽，看到食物就大快朵颐，实则是孩子的控制力差，经不起食物的诱惑。而且狼吞虎咽地吃东西，孩子的喉咙容易被异物卡住。当孩子被卡住时，家长应该怎么做呢？

1. 被小而硬的东西卡住

孩子爱玩，更爱把东西往嘴里送，那些小而硬的东西很容易把孩子卡住，比如糖果、玩具小零件、枣核等。

一旦孩子被小而硬的东西卡住，家长可以坐在椅子上，用膝盖抵住孩子的心窝，让孩子面朝下，稍用力拍孩子的后背。也可以让孩子站着，家长从后面抱住孩子，用手按压孩子的肚子，从而产生气流，把里面堵住的异物排出体外。父母采取措施后，若孩子还是喘不上气，脸色变紫，就赶紧叫救护车，在救护车到达之前，对孩子进行必要的人工呼吸。

2. 被软而黏的东西卡住

孩子的喉咙小，很容易被年糕、软糖、面包、馒头这些软而黏的东西卡住，被这样的东西卡住，家长该怎么办呢？

先让孩子侧躺，让其张大嘴巴，若是能看到卡在喉咙里面的东西，就用手指抠出来；若是看不到，就用食指用力压在孩子的后舌根，帮助孩子催吐。如果发现孩子的脸色发紫，呼吸困难，异物很可能已经进入气管，这时候要赶紧带孩子去医院就医。

为了防止孩子被异物卡住，家长应教育孩子吃饭时要细嚼慢咽，同时家长给孩子喂食时，要把枣之类的食物弄烂，提前将核取出。最好不要让年龄小的孩子吃带核的水果和干果等食品。

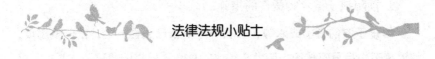

法律法规小贴士

中华人民共和国食品安全法（2015年修正本）

第七十八条　保健食品的标签、说明书不得涉及疾病预防、治疗功能，内容应当真实，与注册或者备案的内容相一致，载明适宜人群、不适宜人群、功效成分或者标志性成分及其含量等，并声明"本品不能代替药物"。保健食品的功能和成分应当与标签、说明书相一致。

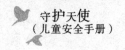
吃烫的食物要小心

贝贝快一岁了，除了喝奶，已经开始适当增加辅食了。这天妈妈用微波炉热了小半碗南瓜粥喂贝贝，她用手试了试温度，不烫了，就舀了一勺喂贝贝。

令人没有想到的是，刚喂一勺贝贝就哭了，他小小的眉头紧紧皱着，头像拨浪鼓一样摇来摇去，哭的同时嘴巴也不老实，把嘴里的南瓜粥全部吐了出来！妈妈见此情景，赶紧自己舀了一勺南瓜粥试了试，也觉得很烫。

看来是微波炉热的南瓜粥温度不均匀，把贝贝给烫着了。看着贝贝的舌头已经红了，妈妈既心疼又自责。

在日常生活中，家长给孩子喂食物导致烫伤的事件屡有发生，那么，家长该如何预防孩子被热的食物烫伤呢？孩子烫伤后又该如何处理呢？

1. 预防孩子被食物烫伤的措施

给孩子吃的食物或水等，家长一定要自己先尝一尝，试一试温度，待温度适中后再喂孩子。用微波炉热的食物不要立即喂孩子，要先对食物进行搅拌，待温度均匀后再喂。对于稍大一点的孩子，家长应经常提醒孩子吃东西之前要先试一试温度。

2. 被烫伤后的处理措施

孩子在食用过烫的食物时，如果食物已经吞咽，或多或少都会对孩子的口腔黏膜、食管黏膜、胃黏膜造成不同程度的损伤。因为孩子的身体还未发育完全，很容易受到伤害。

如果被过烫的食物烫伤，家长最好马上给孩子喝一点儿凉开水，可以对烫伤的部位起到保护作用。此时应避免再让孩子吃东西，这样可以使烫伤的部位得到休息。孩子被烫伤后的几天内，家长给孩子吃的食物应该稍微凉一些，这些食物不会对被烫伤的黏膜产生太大的刺激，可以使烫伤的黏膜尽快恢复。

通常情况下，两三天后，口腔、食管、胃的受伤黏膜就会脱落，再长出新黏膜来，刺激症状也会随之消失。除此之外，孩子的口腔和消化道被食物烫伤后，家长尽量不要自己用药，如果孩子哭闹反应比较强烈，应及时上医院就诊。

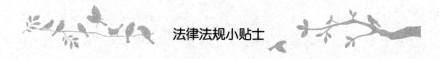

法律法规小贴士

中华人民共和国食品安全法（2015年修正本）

第一百二十条　任何单位和个人不得编造、散布虚假食品安全信息。

县级以上人民政府食品药品监督管理部门发现可能误导消费者和社会舆论的食品安全信息，应当立即组织有关部门、专业机构、相关食品生产经营者等进行核实、分析，并及时公布结果。

06

交通安全：今天的教育，明天的"保护伞"

这样过马路最安全

〈案例一〉

2013年9月11日，在贵州省一所高中门前的马路上，惊险的一幕正在上演。当时正好是交通拥堵的高峰期，两个中学生穿着轮滑鞋在机动车和自行车流中晃动着身体左右穿梭着前行，过往车辆看到这两个学生，纷纷避让。令人无奈的是，这两个学生在滑行中居然有说有笑，压根没有意识到他们行为的危险性。

据报道，全国每年都要发生儿童滑轮滑驶上机动车道而被撞的惨剧。

〈案例二〉

小小、青青和果果是三个上六年级的小男孩，周末他们约了一起去打篮球。因为那是一个开放的篮球场，平时人很多，三个人早早就出门了。走到篮球场附近，他们远远看到还剩一个空位，但此时刚好绿灯灭了，为了避免那个空位被别人抢去，三个人决定一起冲到马路对面。此时街道上的车辆川流不息，他们还没有走到马路中间，一辆车风驰电掣地冲了过来……

2012 年全球儿童安全组织在报告中指出，在中国，道路交通意外是造成 14 岁及以下儿童意外伤害死亡的第二大原因，平均每年就有超过 3 万名儿童因道路交通事故受伤甚至死亡，其中 44% 为儿童步行者。

很多小学生不明白交通标志的含义，而且对车辆的危险性了解较少。比如，孩子们分不清楚哪个车灯代表倒车。曾经有学生在正在倒车的车后玩，由于盲区，驾驶员没看到孩子，导致了一起死亡事故。

一般来说，儿童交通事故的发生与儿童年幼无知、缺乏交通安全知识、自我保护意识差等有很大关系。在这种情况下，要有效地预防儿童交通事故的发生，家长就需要承担教育责任，避免由于自己的疏忽而使孩子的生命丧失在车轮下。

1. 认识交通规则

家长可以通过漫画书、电视，也可以在现实生活的场景中，让孩子了解交通指挥手势、信号灯、交通标志等交通常识。家长要告诉孩子，当看见汽车的方向灯闪烁时，就表明汽车要转弯了，左边的灯亮起说明要左转弯，右边的灯亮起说明要右转弯。这时应注意避让转弯车辆，尽量多留出一些空间。

2. 正确过人行横道

家长要经常教育孩子，横穿马路时一定要看清红绿灯，并且一定要走斑马线。当信号灯变绿时，应看清楚左右的车辆，等车辆都停下来后再穿越马路。在信号灯将要变更时，绝对不要抢行，应等待下一个绿色信号灯亮时再前行。

如果没有斑马线，一定要先看看左面再看看右面，确定没有车辆或者车辆的距离远到足够你走到对面的时候，才可以快步通过马路。因为没有红绿灯，所以要以"让"为主，不要在车辆临近时抢行或突然快跑，以防驾驶员反应不过来而发生交通意外。过马路时如果不小心绊

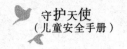
倒了，也要先起身，走到马路对面再查看伤口，不要因为疼痛就停止不前。

3.过马路时不要打闹

家长要告诉孩子过马路时不要追逐打闹，也不能三五个人并排走。可以聊天，但是绝对不可以你追我赶，甚至在马路上玩游戏。家长还要提醒孩子，如果看到对面有同学正在横穿马路，千万不要叫他的名字，因为他很有可能突然听到自己的名字而东张西望寻找是谁在叫他，从而忘记自己正在横穿马路，这样是很危险的。

家长还应该认识到，交通事故死亡率高的原因之一是受伤后伤员缺氧、大量失血导致休克、心脑功能障碍。这些情况的发生与伤者颅脑严重创伤、心脏创伤，肝、脾及大血管损伤有关。但即使是这类严重的伤员，如能在早期迅速、恰当地处理，其中的部分伤员也可免于死亡。

因此我们建议，孩子发生交通事故后要立即通知急救部门，与此同时要注意保持孩子呼吸道的通畅及充分通气，维护心肺功能，控制出血。

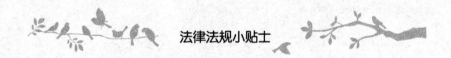

法律法规小贴士

中华人民共和国道路交通安全法（2011年修正本）

第二十六条　交通信号灯由红灯、绿灯、黄灯组成。红灯表示禁止通行，绿灯表示准许通行，黄灯表示警示。

第二十七条　铁路与道路平面交叉的道口，应当设置警示灯、警示标志或者安全防护设施。无人看守的铁路道口，应当在距道口一定距离处设置警示标志。

别让孩子跨越隔离护栏

小华家位于一条马路旁边，每次到马路对面坐公交都很不方便，需要绕行三四百米再走过街天桥。他们小区的人过马路的时候，有时为了图方便抄近路就会翻越街上的护栏。虽然大家都知道这样做很危险，可是大都心存侥幸。

一天，小华早上起晚了，为了节约时间，他也学大人们翻越马路上的防护栏。没想到一只脚刚落地，他就看到一辆车朝他开过来了。还好司机师傅及时发现了他，避免了惨案的发生。事后小华表示以后再也不翻越隔离护栏了。

隔离护栏维护着交通的正常运转，也保护着人们的生命安全。一边是多走一段路的安全大道，一边是违规跨越护栏的危险近道。生活中总有一些缺乏安全意识的人，违反交通规则翻越护栏。殊不知，这几步"方便"的成本是让自己的健康和生命面临危险。

孩子爱玩好动，模仿能力强，但是自控力和应变能力差，所以发生交通事故的可能性远远大于成人。加上一些孩子认为翻越护栏的动作很潇洒，能够引起人们的注意，因此常常不顾自身安全翻越栏杆。

那么，家长该如何预防孩子翻越护栏呢？

1. 告诉孩子护栏的作用

家长要告诉孩子，道路护栏的作用是防止因司机失误或其他原因造成的非正常行驶车辆，穿越中央分隔带闯入对向车道造成交通事故，保

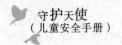
护路侧行人、建筑物、汽车司机和车上乘员安全。同时兼有诱导驾驶员视线、增加行车安全感和美化公路环境的作用。

2. 家长应当言传身教

家长带孩子过马路时，不要做横穿护栏、钻护栏、闯红灯等错误行为。家长不仅要增强孩子的出行文明意识，自己也要时刻遵守交通规则，这样，孩子在没有家长陪伴时，会以家长的行为为榜样，不翻爬跨越隔离护栏、绿化带。

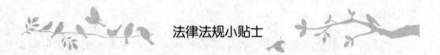

法律法规小贴士

中华人民共和国道路交通安全法（2011 年修正本）

第二十八条　任何单位和个人不得擅自设置、移动、占用、损毁交通信号灯、交通标志、交通标线。

道路两侧及隔离带上种植的树木或者其他植物，设置的广告牌、管线等，应当与交通设施保持必要的距离，不得遮挡路灯、交通信号灯、交通标志，不得妨碍安全视距，不得影响通行。

恶劣天气出行须知

〈案例一〉

2011 年 7 月 16 日 11 点 30 分左右，天下起了小雨，某中学的学生小周、小王、小陈 3 人放学回家。小王、小陈两个人没有带雨具，在雨中走着。小周穿着雨披骑着自行车路过时，小王、小陈争抢着坐到小周的车座上，钻到他的雨披下面避雨。

起初，小王抢先坐在了小周的车上，后来小陈追了上去，一把将小王拉了下来，自己坐到了车上。小王被拉下车后，又跑上前将小陈拉下来。他们就这样在马路上追打着，一直到十字路口。红灯刚好亮起来，小周为了摆脱他们两个，依然过马路。小王、小陈紧追不舍，小王刚坐上车，小陈就把他拉了下来，由于用力过猛，3人同时摔到了地上。

这个时候，马路上的过往车辆很多，情况十分危急。幸好有一位卡车司机及时踩了刹车，3个人才幸免于难。在这起事故中，3个同学都非常幸运，他们逃出了鬼门关。但是，在其他地方，每天都有孩子由于忽视交通安全而失去了自己的生命。

〈案例二〉

一天，安安和同学放学一起回家。因为前一天下过雪，所以路上都是被人们踩结实的薄冰。安安和同学都很兴奋，总是到薄冰处滑一滑。

一不小心，安安摔倒在路面上，幸亏机动车都停着等红灯，否则后果不堪设想。安安看着眼前的汽车，吓坏了，被同学们扶起后哇哇大哭，同学们也说："好险啊！以后再也不敢在马路中间滑冰了。"

···•••

雨雪天气，路面滑，能见度也低，孩子在这种天气要格外注意安全。路面上的雨、雪减少了地面的摩擦力，机动车的刹车会受到影响，再加上司机看不清雨雪天里的事物，这两种因素大大增加了交通事故的发生率。如果雨雪天孩子再不小心，很容易发生交通事故。

那么，雨雪天气该如何保障孩子的出行安全呢？

1. 预留时间，提前出门

如果孩子在雨雪天气需要出行，提醒孩子把路上的时间放宽裕些，慢慢走，不着急，即使迟到了也没关系，以免孩子一着急加快速度，发

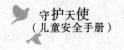

生安全事故。

2.告诉孩子雨雪天气的注意事项

家长要告诉孩子，当暴雨袭来，雨水淹没了马路时，不要急于过马路，可暂时到安全的地方躲避。如果雨停了或转为小雨，孩子可以沿着路边商铺的位置行走。

即使如此，也要走得慢些，保证自己的安全，而且，最好和同学结伴而行，万一有什么事，也好互相帮助。

孩子天生爱玩，他们总能从大自然中找到乐趣，但是有些玩法并不安全，比如下雪天在路上打雪仗、滑冰等都很危险，一旦摔倒，后面的车辆躲闪不及或刹车失灵，就会引发交通事故。

因此，家长要教育孩子，下雪天避免在马路上打雪仗、滑冰。

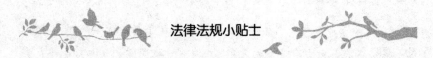

法律法规小贴士

中华人民共和国道路交通安全法（2011年修正本）

第三十条　道路出现坍塌、坑漕、水毁、隆起等损毁或者交通信号灯、交通标志、交通标线等交通设施损毁、灭失的，道路、交通设施的养护部门或者管理部门应当设置警示标志并及时修复。

公安机关交通管理部门发现前款情形，危及交通安全，尚未设置警示标志的，应当及时采取安全措施，疏导交通，并通知道路、交通设施的养护部门或者管理部门。

儿童自行车的安全使用

●●● ·····························

　　小飞8岁了，看到别的小朋友都骑自行车，自己也十分羡慕。于是求了爸爸好久，爸爸终于答应给他买一辆儿童自行车。经过一段时间的练习，小飞终于学会骑自行车了。

　　一天，他骑自行车去小区附近的超市，当时街上的车辆并不多，他看到没车就猛蹬了几下，向马路对面骑去。但由于失误，他摔倒在地上，还没等他爬起来，一辆浅蓝色的小轿车急驰而来⋯⋯

　　于是，一起本不应该发生的交通事故就这样酿成了。

·····························●●●

　　自行车对儿童的诱惑力，不亚于汽车对成人的诱惑力。可是，经常有儿童因为骑自行车而受伤。要想让孩子骑得高兴，又让家长放心，选车和安全意识一样都不能少。

　　1. 购买符合国家标准的儿童自行车

　　（1）**符合国家安全规定**：根据国家标准，儿童自行车鞍座上升到最高的高度不可超过65厘米。儿童的四肢能接触到的部位都不能有尖锐边角。脚蹬防滑，手闸灵敏。

　　（2）**必须安装辅轮**：为保护儿童在骑行中的安全，国家规定，儿童自行车必须装有辅轮。所以父母不要擅自拆下自行车的平衡轮。

　　（3）**自行车必须装有链罩**：保证链罩包裹住链轮外圈至少90度，避免儿童的手指或身体其他部位卷入链条。

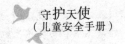

守护天使
（儿童安全手册）

2. 做到经常保养

儿童自行车和成人自行车一样，也需要保养。家长要经常检查孩子的自行车，看看车胎充气是否足，车闸是否好用，螺丝有没有松动。特别是车子长时间不骑，重新使用时一定要仔细检查。

二手自行车接手后要检查一下自行车各部位是否运行正常：车闸是否管用；螺丝是否齐全；链条紧不紧；脚蹬转动是否自如。

3. 儿童骑自行车的 3 点注意事项

（1）**不上路**：儿童自行车只能作为孩子户外活动的一种玩具，不能当作交通工具，让孩子在行车路上骑行。

（2）**不飙车**：如果孩子年龄较小，骑车时一定要有人陪在他身边，不要让孩子跟小朋友比赛骑车。

（3）**不超前**：有的父母认为孩子长得快，买大轮自行车骑的时间长一些。这样的做法是不可取的，因为适合大孩子的车超出了孩子现在的控制能力，容易出现危险。

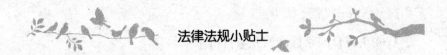

法律法规小贴士

中华人民共和国道路交通安全法（2011 年修正本）

第三十一条　未经许可，任何单位和个人不得占用道路从事非交通活动。

第三十四条　学校、幼儿园、医院、养老院门前的道路没有行人过街设施的，应当施划人行横道线，设置提示标志。

城市主要道路的人行道，应当按照规划设置盲道。盲道的设置应当符合国家标准。

让孩子远离汽车伤害

在广州的一所幼儿园里，发生了一件让所有家长都惊骇不已的事件。一个即将升入小学的小男孩，在与小伙伴玩捉迷藏的时候，看到了一辆大越野车，于是躲到了车底下。这辆车是一个来看望孩子的家长的。那位家长在看完孩子后，就开车离开了。事后人们发现，那个躲在车底下的孩子被车碾压了，一个幼小的生命就这样离去。

那位开车的家长知道后悲悔不已，认为自己不应该把车开到幼儿园里面去。同时，那个被轧死的孩子的家长也一样后悔不已，后悔自己没能及早教育孩子不能在机动车旁边玩耍。

随着人们生活水平的提高，越来越多的家庭都拥有了一辆甚至多辆私家车，在出行方便的同时，家长也不要疏忽了孩子的交通安全。由于儿童身材矮小，当接触车身或在车辆附近停留时，驾驶员很难在车内发现他们。因此而导致的事故每年都在发生。因此在儿童非常集中的区域例如小区内、超市停车场等，上车前要绕车检查一下，看附近是否有贪玩的孩子，同时行车时减低速度。那么，家长应如何让孩子远离汽车伤害呢？

1. 让孩子远离汽车

家长要嘱咐孩子，不要到停车场、马路上去玩耍，也不要在汽车附近停留。看到正在倒车、拐弯的车辆要主动避让，尤其要有意识地远离大货车。

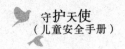

2. 孩子 12 岁以前，要坐在后排

孩子都喜欢坐在副驾驶座上，因为那里不仅视线好，还能触摸到好多有趣的东西。但是，12 岁以下或者身高不足 1.4 米的孩子是不宜坐在前排副驾驶座位上的。因为安全带是根据成人的体型设计的，孩子使用成人的安全带，如果绑得太紧，在发生交通事故时会造成致命的腰部挤伤或脖子、脸颊压伤。如果绑得太松，车辆紧急制动时，孩子可能会从安全带和座椅之间的空当飞出去。

3. 不要抱着孩子坐车

当汽车以每小时 40 千米的速度行驶时，如果突然紧急刹车，在惯性的作用下，10 千克重的孩子受到的冲击力相当于 200 多千克，也就是说，相当于三四个成年人体重的总和。家长就算是大力士，也没法抱住孩子，孩子很可能会飞出去，撞在中控台或挡风玻璃上，造成严重的伤害。

4. 不要让孩子自己上下车

培养孩子的自理能力固然好，但绝对不是在这种场合。**孩子的力气小，开车门时如果不能推到位，会被车门反弹而夹伤**，还有可能会被旁边行驶过来的自行车或者汽车撞到。

5. 孩子也需要安全带

孩子不喜欢被束缚，所以安全带自然就成了他拒绝的对象。安全带有缓冲作用，能吸收大量的撞击能量，化解巨大的惯性力，减轻伤害程度。

调查表明，在发生正面撞车时，如果系了安全带，可使死亡率减少57%，侧面撞车时可减少 44%，翻车时可减少 80%。所以，不管孩子怎么抗拒，家长也不能妥协。

6.不要把孩子单独留在车内

汽车就像一个大铁盒子，当车门、车窗关闭时，车内的温度会快速升高，短短几分钟的时间，就会使孩子出现体温飙升、窒息等中暑的症状，严重时还会危及生命。

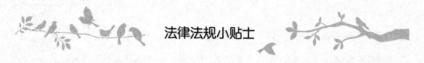

法律法规小贴士

中华人民共和国道路交通安全法（2011年修正本）

第五十一条　机动车行驶时，驾驶人、乘坐人员应当按规定使用安全带，摩托车驾驶人及乘坐人员应当按规定戴安全头盔。

第五十二条　机动车在道路上发生故障，需要停车排除故障时，驾驶人应当立即开启危险报警闪光灯，将机动车移至不妨碍交通的地方停放；难以移动的，应当持续开启危险报警闪光灯，并在来车方向设置警告标志等措施扩大示警距离，必要时迅速报警。

文明乘坐公交车

〈案例一〉

一天放学后，芳芳和同学一起乘公共汽车回家，此时正是下班高峰期，车上非常拥挤，路上的车辆也非常多。她和同学在车上聊天，越聊越尽兴。没想到司机师傅遇到意外情况突然急刹车，芳芳由于没有扶着任何东西，在毫无防备的情况下，摔倒在地，脖子和下巴被前方的座位磕到，鲜血直流。好心的乘客立即把她送到附近的医院救治。

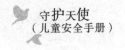
〈案例二〉

2007 年 11 月 7 日，在河南省郑州市，一名 9 岁的男孩放学后坐公交车回家。公交车刚进站，他就跟着人群一起追赶。由于身材弱小，他被人群挤倒了，行驶的公交车正好碾压在他的头部，最终这个男孩因抢救无效死亡。

现在很多孩子都是乘公共汽车上下学，在这个时间段，公交车上的小乘客格外多。他们大多三五成群，聊天、吃东西、嬉戏打闹，殊不知他们的这些行为是非常危险的。

公交车在行驶的过程中，司机师傅会根据实际情况加快或减慢车速。如果遇到突发情况，司机师傅很可能会急刹车。如果这些嬉戏打闹的孩子没有扶好，就会由于惯性而摔倒，造成不必要的伤害。所以，作为家长，一定要让孩子懂得乘坐公共汽车的安全事项，教导孩子文明乘车，遵守乘车规则。

1. 让孩子知道追赶车的危险

我们经常会看到有的孩子看到公交车来了就追着车跑，也不看路。事实上，这样的追车行为是非常危险的。司机师傅的倒车镜有盲区，如果有人站在车子的前转向灯和前轮后侧之间，大人因为个子高，司机兴许还能看见，但个头低的孩子如果在那里，司机根本就看不见。因此，**孩子在车未停稳时贴着车身追着跑，很容易进入盲区，从而发生意外。**

2. 不要在公交车上吃东西

孩子很喜欢在车上吃东西，如麻辣烫、豆腐串等，这些食物大多用竹签串起来，竹签的一头很尖，如果孩子在吃东西的时候，车体突然晃动，竹签很容易扎到孩子的喉咙或扎伤别人，后果不堪设想。

所以，**家长一定要告诫孩子不要在车上吃东西，这样既不卫生又不安全。**同时也要告诫孩子不要拿吃过的竹签玩，以防扎到自己或别的小朋友。这一点很重要，家长一定要高度重视。

3. 不要在公交车上嬉戏打闹

很多调皮的孩子走到哪儿玩到哪儿，不分场合，不分地点，在公交车上也不例外。可他们却不知道这样做有多危险。如果车辆很空，孩子周围无人站立，又没有抓紧扶手，当司机急刹车时，孩子由于惯性会向前倾倒，导致站立不稳或摔倒在地。

我们要常常把类似的事件讲给孩子听，让他知道在公车上除了不能追逐打闹外，还要抓紧扶手，以防司机紧急刹车时，自己摔倒受伤。

4. 告诉孩子下公交车的注意事项

作为家长，一定要把下公交车的注意事项告诉孩子。比如，准备下公交车时，一定要等车子停稳后再下车。**下车前要先看看右侧，确认没有各种车辆或快速奔跑的行人才可以下。**如果下公交车后要过马路，不能从车前绕，因为车体会挡住视线，导致自己看不到将要驶过来的车辆。**要从公交车的后面过马路，**这样就能避免类似事故的发生。

另外，家长要鼓励孩子做文明的小乘客，不在公交车上大声喧哗，不随便在车上乱扔垃圾，更不向窗外扔果皮纸屑，不携带鞭炮等易燃易爆物品上车，以保障大家的乘车安全。

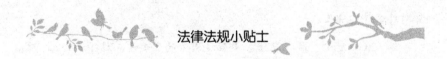

法律法规小贴士

中华人民共和国道路交通安全法（2011 年修正本）

第五十八条　残疾人机动轮椅车、电动自行车在非机动车道内行驶时，最高时速不得超过十五公里。

第五十九条　非机动车应当在规定地点停放。未设停放地点的，非机动车停放不得妨碍其他车辆和行人通行。

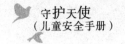
被困电梯别害怕

小丽和小敏是邻居，家都住在八楼，每天上下楼都要乘坐电梯。这天刚好是星期天，她们结伴去超市买东西。两个人手拉着手走进了电梯，突然电梯快速下滑。小丽抓紧了小敏的胳膊。还好，几秒钟后，电梯终于停下来了。

"刚才怎么了？好恐怖啊。"小丽问道。

"我也不知道啊。怎么什么都看不见了。"小敏也着急了。

"是啊！我们该怎么办啊？"小丽都快哭出来了。

小敏说道："电梯肯定是坏了，我们被困在里边了。电视里经常这样演。"

"啊？那怎么办？我们要被困多久？"小丽哭着说。

"小丽，你别哭啊。咱们仔细想想，看有没有办法能够出去。"比小丽大两岁的小敏安慰着小丽。小丽终于不哭了。"有了！"小敏高兴地说道，"我们把鞋子脱了，用鞋底用力拍打电梯的门。我在电视里看到过这样的镜头。"

两人说干就干，脱了鞋子，用鞋底用力拍了起来。过了一会儿，电梯门突然开了，小丽和小敏高兴地叫了起来。电梯口站着两名工作人员，原来是他们听到声响后赶来了。

很多孩子都喜欢乘坐电梯，上上下下，乐此不疲。但电梯也有出故障的时候，孩子还小，面对突发事件时往往措手不及。作为家长，要教会孩子在面对这种情况时应该怎么办呢？

1. 电梯突然下坠

家长要告诉孩子，当电梯不正常下坠时，不论有几层楼，**应迅速把每层楼的按钮都按下**。膝盖呈弯曲状态，整个背部和头部紧贴电梯内墙，呈一条直线。如果电梯内有扶手，最好紧握扶手。

2. 电梯突然停止运行

如果电梯突然停止运行，**应立即用电梯内的警铃、对讲机或电话与电梯管理人员联系，等待外部救援**。如果报警无效，可以间歇性地呼救或拍打电梯门。切忌采取过激的行为，如乱蹦乱跳等，更不要强行扒门，试图从电梯门缝中出去。

3. 无人搭救时要保留体力

如果喊得口干舌燥仍没有人前来搭救，要换一种保存体力的方式求救。这时，你不妨间歇性地拍打电梯门，或用坚硬的鞋底敲打电梯门，等待救援人员的到来。如果听到外面有了响声，就接着拍打。在救援者尚未到来期间，宜冷静观察，耐心等待，不要乱了方寸。

家长要告诉孩子，当乘坐的电梯发生故障时，要冷静，不要惊慌。如果电梯内有其他大人，要听从他们的指挥，不要乱动。

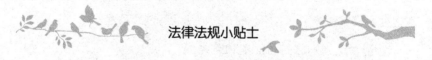

法律法规小贴士

中华人民共和国道路交通安全法（2011年修正本）

第六十一条　行人应当在人行道内行走，没有人行道的靠路边行走。

第六十二条　行人通过路口或者横过道路，应当走人行横道或者过街设施；通过有交通信号灯的人行横道，应当按照交通信号灯指示

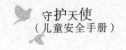
通行；通过没有交通信号灯、人行横道的路口，或者在没有过街设施的路段横过道路，应当在确认安全后通过。

旅行安全别大意

暑假到了，壮壮好不容易放长假，于是缠着爸爸妈妈带他去九寨沟玩。爸爸妈妈禁不住壮壮的苦苦哀求，就答应带他去。

九寨沟是一个非常美丽的地方，一路上，风景迷人，有好多游客在路边停留，拍照留念。壮壮可兴奋了，不顾爸爸妈妈的叮嘱，指着那些不知名的花花草草问这问那，一路上蹦蹦跳跳像个活泼的小兔子。但是不幸的事情发生了，他的小腿不小心被路边的一根折断了的树枝刮伤了，流了好多血。壮壮疼得直哭，还好妈妈早有准备，带了一些急救用品。在导游小姐的帮助下，妈妈用干净的棉签配上酒精为壮壮清理了伤口，然后用绷带把伤口缠了起来。

家长带孩子出去旅游时，会出现很多不确定因素。如果孩子不小心弄伤自己或是得了什么病，本来是开开心心地出去玩耍，却以沮丧结束。那么家长带孩子出去旅游时，应该注意哪些事项呢？

1. 选择适当的旅游目的地和路线

家长要明确出游的目的是什么，是为了观赏自然风光、名胜古迹，还是为了开阔眼界、增长知识、陶冶情操。或者是为了让孩子通过旅游的经历获得锻炼。明确了出游的目的后，家长还要根据出行人的情况，**制定合适的旅游路线**。如带比较小的孩子出行，行程就不能太长，地点也不能太多，等等。

2. 带好常备药

家长利用寒暑假带孩子到外地看望亲人或者旅游之前，做好旅行准备，是必不可少的。要随时携带一个迷你小药箱，主要常备的药品包括：红花油、风油精、云南白药、酒精、纱布、创可贴、感冒药、止泻药等。这些药占地虽然不大，功能却不小，称得上"麻雀虽小，五脏俱全"。

3. 旅行中要注意安全

家长带孩子出去游玩时，首先，要注意交通安全。了解各种交通工具的安全须知，并向孩子讲解。

乘车时要提醒孩子，不要将头、手伸出窗外。乘飞机时要系好安全带等。乘火车旅行时，家长在上下车拥挤时一定要看护好孩子，以防孩子被挤伤或碰伤。在卧铺车厢的家长一定要告诉孩子不要在铺位边的小梯子上爬上爬下，尤其不要在上铺或中铺打闹玩耍，更不要在相邻的上铺、中铺之间跨来跨去，以免不留神摔伤。不要让孩子自己去茶炉打开水，喝热水时也要小心，防止因火车突然刹车而烫伤。家长要特别提醒孩子，在路过两节车厢之间的连接处时，要放慢速度，保持平衡，防止跌倒。

4. 注意饮食卫生与健康

出去旅游时，当地的特色小吃固然好吃，但也要注意饮食卫生，不要在不卫生的地方就餐，也不要让孩子暴饮暴食。

旅游途中，很难保证喝的水完全干净，拉肚子的事情经常发生。所以，家长应该提前为孩子准备好腹泻时的急救药，缓解疼痛症状，不让腹泻的孩子继续吃油腻食物和不容易消化的食物。

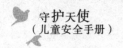

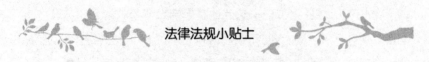

法律法规小贴士

中华人民共和国道路交通安全法（2011年修正本）

第六十三条　行人不得跨越、倚坐道路隔离设施，不得扒车、强行拦车或者实施妨碍道路交通安全的其他行为。

第六十四条　学龄前儿童以及不能辨认或者不能控制自己行为的精神疾病患者、智力障碍者在道路上通行，应当由其监护人、监护人委托的人或者对其负有管理、保护职责的人带领。

盲人在道路上通行，应当使用盲杖或者采取其他导盲手段，车辆应当避让盲人。

开心坐地铁，安全很重要

亚亚是北京的一名中学生，因为挤公交上学经常堵车，而地铁站离家和学校不算远。为了方便，亚亚每天都乘坐地铁上下学。

"五一"假期的前一天，亚亚照常乘坐地铁上下学。早上人还不算太多，到了下午放学时，人几乎是早上的两倍。亚亚好不容易才挤上地铁，在门口的一边站稳后，便将手扶在了车门的铁轴上。

行驶到下一站时，亚亚刚想抽出手来，被几位背大包上车的人一涌，手没拿出来，便被车门挤住了。好不容易拿出来后，食指已经被门挤掉了一块肉，鲜血直流，多亏车上有位乘车帮他包扎后才止住了血。

地铁具有行驶速度快、车次多、旅客运送量大、方便舒适等特点。在现代都市中，地铁已经成为市民交通工具的首选。因此，乘地铁的安全常识也是我们必须掌握的知识。

作为家长，要告诉孩子乘地铁时的注意事项。

1. 乘扶梯时的注意事项

乘地铁电梯时要用手抓住扶手，不要随意触碰停止电钮，同时注意上、下电梯齿链卡住鞋带、鞋底或裤角及其他物件，以防绊倒、摔倒，发生危险。

2. 候车时的注意事项

站在黄色安全线后候车，并与列车保持一定距离，以免列车进站时的冲力和风力将自己带倒或卷入车轮下。排队候车，遵守先下后上的顺序，文明礼让。

3. 行驶过程中的注意事项

不要将鞭炮、火药和易燃易爆物带进车厢，以防引发火灾和爆炸事故。在行驶过程中，不嬉戏打闹。手应抓住扶手环，一定不要把手放在后轴上，以防手被挤伤。区间停车不可擅自拉下紧急刹车拉手，应听取车厢广播。

4. 遇到突发事件时的注意事项

如果在乘坐地铁的过程中遇到火灾。应及时按动车厢内的紧急报警装置，用车厢内的灭火器进行自救。列车无法运行时，应在司机的指引下，有序通过车头或车尾的疏散门进入隧道。

如果列车运行时突然停电，一定不要扒门离开车厢进入隧道。如果站台突然停电，应在原地等候，听从工作人员的指引。

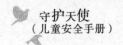

 法律法规小贴士

中华人民共和国道路交通安全法（2011 年修正本）

　　第六十五条　行人通过铁路道口时，应当按照交通信号或者管理人员的指挥通行；没有交通信号和管理人员的，应当在确认无火车驶临后，迅速通过。

　　第六十六条　乘车人不得携带易燃易爆等危险物品，不得向车外抛洒物品，不得有影响驾驶人安全驾驶的行为。

07

平安校园：孩子成长，安全为王

课间活动不要玩过火

　　9岁的多多是一名三年级的小学生。在几天前的课间活动中，多多和几个小伙伴一起玩双杠，其中一个名叫飞飞的小男孩很淘气，当多多在双杠上玩的时候，故意吓唬多多，趁着多多不注意时冲着多多大喊了一声，并推了多多一把。多多一下子栽倒在地，头上顿时流出血来，疼得他哇哇大哭。

　　得知情况的班主任老师急忙赶来，抱着多多去了学校的医务室。经医生检查，多多虽然没什么大事，但由于伤口较大，头上还是缝了五六针。

　　青少年大多活泼好动，由此引发的课间伤害事故也接连不断。概括来说，学生课间的伤害事故主要表现在拥挤伤害、追逐伤害、游戏伤害三个方面。

1. 拥挤伤害

　　这种伤害经常发生在教室门口和楼道。**下课铃响后，大量学生同时涌向教室门口和楼道。学生的年龄小，安全意识差，容易出现拥挤的现**

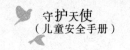
象。一旦有人不小心摔倒，很容易导致后面的学生接连摔倒，造成人身伤害，严重者甚至会危及生命。

2. 追逐伤害

孩子们特别喜欢打打闹闹，尤其是男孩子，总爱在教学楼里你追我赶。孩子们在追逐过程中会一边跑一边回头看，这样跑是十分危险的，倘若迎面碰上一个拿尖锐小物件的同学，后果不堪设想。

3. 游戏伤害

在校园里，游戏伤害大多发生在课间。校园游戏导致人身伤害的原因主要有两点：一是很多孩子玩的游戏本身就隐含了不安全因素；二是因为操场距离教学楼较远，学生一般会选择在教学楼的走廊上、教室前玩耍，而这些地方空间狭小，人员较多。课间的危险游戏主要有斗独腿(拐脚)、抽陀螺、掷飞镖等。

课间是休息的时刻，通常孩子们都会到教室外呼吸新鲜空气，并适当活动，准备下一节课的学习。不过，中小学生大多生性好动，因此课间成为孩子受伤的高发期。作为家长，应该如何教育孩子防止在校园里，因为打闹造成的伤害事故呢？

1. 树立安全意识

事故都是偶然的，但是，偶然的背后有着必然的因素，这就是疏忽和大意。要避免此类校园伤害事故的发生，首先是提高每位学生的安全意识。有了用理智构建起来的警钟，一旦出现危险的征兆，就会有学生及时提醒，从而避免事故的发生。

2. 制定校园课间安全规则

有的学校会请全体学生参与制定校园课间安全规则，先征集各种方案，再召开学生听证会，让每位学生在参与中形成主体意识。不少学生对学校强化课间安全管理，有自己的想法与建议。如有学生指出，课间应当保证学生的活动时间，课间要做的事情很多，上厕所、送作业、准备下一节课用品、休息等，如果教师拖堂就会造成课间时间过紧，导致学生为赶时间而奔跑，因此，要求全体教师遵守准时下课的规则。还有的学生提出班级执行学生轮流值勤制，以提醒经常乱跑或打闹的同学，实现学生的自我管理。

3. 制作安全标志

在可能出现事故的楼梯、台阶、走廊等区域的醒目位置，挂上安全警示牌。如禁止大声喧哗、楼道里不得追逐打闹，等等。

4. 开展各种安全宣传活动

利用班会、黑板报、广播台、校报等形式，宣传校园课间事故的危害性，以及减少事故发生的各种有效措施，使维护安全、排除安全隐患成为每个学生的习惯。

学校还可以积极开展有益而安全的校园活动，取代危险的活动。好动是孩子的天性，与其让他们追逐打闹，不如让他们参与踢毽子、跳绳、打羽毛球等运动量不大而又相对安全的活动，以避免课间伤害。

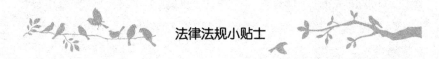

法律法规小贴士

学生伤害事故处理办法（2010 年修正本）

第二条 在学校实施的教育教学活动或者学校组织的校外活动中，以及在学校负有管理责任的校舍、场地、其他教育教学设施、生活设施内发生的，造成在校学生人身损害后果的事故的处理，适用本办法。

第三条 学生伤害事故应当遵循依法、客观公正、合理适当的原则，及时、妥善地处理。

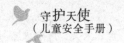
不能忽视的校园劳动安全

●●● ·····························

　　一天，轮到四年级的小文当值日生，作为男生，他的任务是擦玻璃。由于教室的外侧玻璃比较难擦，小文就爬上窗台，将半个身子探出窗外。为了擦掉玻璃上部的黑色污渍，小文踮起脚，可他没有站稳，从二楼跌落，掉在了花坛的草丛里。幸好他只是小腿骨折，脸部擦伤，如果下面是水泥地，后果不堪设想。

　　　　　　　　　　·····························●●●

　　很多中小学都会定期举行班级大扫除、义务种树等劳动，虽然这些都是每个学生应该做的，但校园劳动带来的不安全因素不可忽视。作为家长，要教会孩子相关的自我保护知识。

　　不少学校每年都会发生安全事故，中小学生的校园安全问题也越来越受到人们的关注和重视，中小学生除了完成学习任务外，更应尽最大努力保护自己的安全。那么，孩子在参加学校劳动时，家长应教会他们注意哪些安全隐患呢？

　　1. 打扫校园和专用教室时要注意的问题

　　（1）**打扫学校大门口时，要小心过往车辆**，注意及时躲避，不要只顾低头打扫。

　　（2）打扫教学楼地面的学生要小心楼上的同学往下扔东西，以防止被砸伤。

　　（3）**打扫专用教室时，不乱动不认识的东西**，以免给自己带来损伤，比如化学实验室的一些化学物品都有腐蚀性，接触后会对身体造成伤害。

2. 打扫班级教室和楼道时要注意的问题

（1）擦门时先擦一扇，在劳动时把门插上，防止在门后劳动时，有人突然推门进来给自己造成伤害。

（2）擦玻璃时，够不到的地方可以用擦玻璃的专用器具，千万不要登高去擦，防止从窗台或凳子上上摔下来。

（3）擦灯管、电扇、挂画时，最好站到桌子上而不是凳子上，以防摔伤。同时，还要小心触电，擦灯管时要把开关关上。

3. 打扫过程中要注意的问题

（1）打扫中切勿嬉戏打闹，以免受伤，也不要主动引逗擦灯管、玻璃的同学，以免使对方或自己受伤。

（2）扫地时，力度不要太大，以免把扫帚打到别人脸上，造成伤害；清理垃圾使用铁锹时，应注意旁边的同学；在楼上打扫时，不要从窗口扔东西，还要注意窗台的花盆，不要碰落。

（3）劳动休息和结束时，不要用劳动工具相互打闹、开玩笑，以免酿成大错。

（4）**没有打扫任务的学生，应主动远离打扫区域**，行走时要自觉避让打扫卫生的同学，防止出现不必要的伤害。

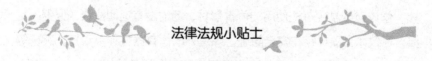

法律法规小贴士

学生伤害事故处理办法（2010 年修正本）

第六条　学生应当遵守学校的规章制度和纪律；在不同的受教育阶段，应当根据自身的年龄、认知能力和法律行为能力，避免和消除

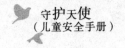

相应的危险。

第七条　未成年学生的父母或者其他监护人(以下称为监护人)应当依法履行监护职责，配合学校对学生进行安全教育、管理和保护工作。

学校对未成年学生不承担监护职责，但法律有规定的或者学校依法接受委托承担相应监护职责的情形除外。

体育活动要有保护措施

晓云今年10岁了，有一次，她穿着一件系有长飘带的上衣上体育课。这次的体育项目是爬绳练习，晓云身手敏捷，很快就爬到了顶端。在她想快速滑下来时，上衣的长飘带挂在了器械的绳钩上，幸亏体育老师眼疾手快，否则后果不堪设想。

学校体育伤害事故是指在学校进行体育课、课外体育活动和体育比赛时发生的人身伤害。学生体育伤害事故的发生主要有以下几方面原因。

1. 学校的管理制度不完善

学校对于学生每天使用的体育器材、场地没有定期检查、保养、更换，导致体育器材存在安全隐患。如室外的体育器材，单双杠、爬杆等如果没有防护措施，长久地遭到日晒雨淋，会使其使用寿命大大缩短。学生在进行体育活动时，器材一旦发生破损、断裂，很容易受到伤害。运动场地或操场的草地上有凹凸或小石头、沙坑太硬、踏跳板与地面不齐平等都会引发学生的伤害事故。

因此，**学校应完善管理制度，安排工作人员定时检查体育器械、场地，排除不安全因素。**

2.学生缺乏安全运动的知识和技能

很多学生缺乏安全运动的知识和技能，没做好运动前的准备活动就开始运动，这样很容易造成韧带拉伤。**如果在患病带伤、伤病初愈及身体疲劳时参加剧烈运动，学生的协调性会变差，很容易发生体育事故。**此外，很多学生身体素质变差，也是伤害事故发生的重要原因之一。

3.学生缺乏一定的自我约束能力

一些调皮的学生在体育活动中嬉戏打闹，做一些超出自己能力范围的冒险动作等，导致自己或他人意外受伤。

体育课程设置的目的是为了锻炼学生的身体、增强体能，训练的内容和形式也多种多样。因而，需要注意的事项也多。因此，老师、学生和家长，都要对此引起高度重视。

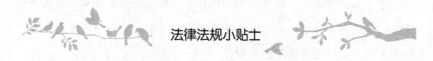

法律法规小贴士

学生伤害事故处理办法（2010 年修正本）

第八条　学生伤害事故的责任，应当根据相关当事人的行为与损害后果之间的因果关系依法确定。

因学校、学生或者其他相关当事人的过错造成的学生伤害事故，相关当事人应当根据其行为过错程度的比例及其与损害后果之间的因果关系承担相应的责任。当事人的行为是损害后果发生的主要原因，应当承担主要责任；当事人的行为是损害后果发生的非主要原因，承担相应的责任。

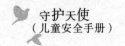
不可小觑的实验室安全问题

在一次化学实验课上，老师在实验前讲解了实验过程，演示了操作方法，但忘记强调使用酒精灯时的注意事项。

学生动手操作时，小东为了点燃酒精灯，先用火柴到邻座小远桌上的酒精灯上借火，但没有成功。小东干脆直接用自己的酒精灯到邻座小远的酒精灯上借火，只听"嘭"的一声，酒精外溢，溅到了小远的身上，很快，火借着酒精在小远身上燃烧起来。老师用大块湿毛巾将小远着火的地方盖住，才得以灭火。但是，小远的左臂已经烧伤，并因此不能参加升学考试。

这是一起由于老师未强调安全注意事项而引发的事故。虽然学生学习过化学实验课的操作规定，但老师在每一次实验前应当再次说明操作规定。在这个事件中，小远本身并没有违规，但是受到了严重的伤害，使学业和身心都受到了不良影响。

实验课是探索科学奥秘的课程，主要涉及物理、化学、生物等学科。实验课也很受同学们的欢迎。但是，实验是科学，必须认真地对待。实验中的操作规范是科学家在长期实践中总结的经验，如果违反，轻则造成实验失败，重则造成严重伤害。

要想避免实验过程中发生意外伤害，首先应当严格遵守实验规则。这些规则包括基本规则、安全规则和急救规则。在进行实验时，下列四项基本要求一定要铭记在心。

1. 在实验室里严格遵守"三不要"

实验室是师生进行实验教学的活动场所，应当遵守"三不要"：一是学生进入实验室后要保持肃静，不可大声喧哗。二是没有教师指导时，学生不要擅自进入，实验过程中指导教师必须在旁指导，以维护学生安全。三是实验室中有毒药品很多，**禁止在实验室里吃东西，也不要携带食物进入实验室。**

2. 实验前要做好"三要"

一要认真听老师讲解实验的目的、步骤，仪器的性能与操作方法，以及本次实验的注意事项；**二要认真检查所需仪器设备、药品是否完好；**三要将实验缺损物品及时向老师报告。

3. 实验过程中要做好三件事情

一要遵守操作规程，按照实验步骤认真操作，严禁违规操作和未经老师指导、许可私自操作；二要按步骤进行，并仔细观察，做好记录，课后及时写好实验报告；三要爱护实验器材，爱惜药品，不随意玩弄器材、药品。

4. 实验结束后要做好四件事情

一要将实验时所产生的废物、废液倒入指定的容器内；二要及时洗涤器皿，清理仪器设备，并把器材、药品按规定位置放好；三要仔细检查是否关闭了水源和电源；四要检查是否有人私自带走器材、药品。

学生是学校教育活动的主体，学生参与学习活动时，老师一定要尽职尽责，对学生进行安全指导，作为家长，也要注重加强孩子的安全教育，提高孩子的安全意识，教会孩子一些应对突发事件的方法和技巧。

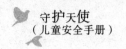
守护天使
（儿童安全手册）

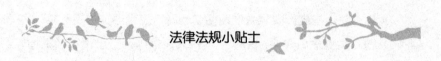

法律法规小贴士

学生伤害事故处理办法（2010 年修正本）

第九条 因下列情形之一造成的学生伤害事故，学校应当依法承担相应的责任：

（一）学校的校舍、场地、其他公共设施，以及学校提供给学生使用的学具、教育教学和生活设施、设备不符合国家规定的标准，或者有明显不安全因素的；

（二）学校的安全保卫、消防、设施设备管理等安全管理制度有明显疏漏，或者管理混乱，存在重大安全隐患，而未及时采取措施的；

（三）学校向学生提供的药品、食品、饮用水等不符合国家或者行业的有关标准、要求的；

（四）学校组织学生参加教育教学活动或者校外活动，未对学生进行相应的安全教育，并未在可预见的范围内采取必要的安全措施的；

（五）学校知道教师或者其他工作人员患有不适宜担任教育教学工作的疾病，但未采取必要措施的；

（六）学校违反有关规定，组织或者安排未成年学生从事不宜未成年人参加的劳动、体育运动或者其他活动的；

（七）学生有特异体质或者特定疾病，不宜参加某种教育教学活动，学校知道或者应当知道，但未予以必要的注意的；

（八）学生在校期间突发疾病或者受到伤害，学校发现，但未根据实际情况及时采取相应措施，导致不良后果加重的；

（九）学校教师或者其他工作人员体罚或者变相体罚学生，或者在履行职责过程中违反工作要求、操作规程、职业道德或者其他有关规定的；

（十）学校教师或者其他工作人员在负有组织、管理未成年学生的职责期间，发现学生行为具有危险性，但未进行必要的管理、告诫或者制止的；

（十一）对未成年学生擅自离校等与学生人身安全直接相关的信息，学校发现或者知道，但未及时告知未成年学生的监护人，导致未成年学生因脱离监护人的保护而发生伤害的；

（十二）学校有未依法履行职责的其他情形的。

"抢"来的灾难

一天晚上8点，四川省巴中市通江县广纳小学的晚自习像往常一样按时结束了。铃响过后，孩子们蜂拥而出，顺着楼梯下楼。突然一个男同学大喊了一声，"我见到鬼了！"向下走的人群突然间乱了，有的学生被挤倒，后面的学生不知道情况，还在不断地往前拥，结果后面的人踩在摔倒人的身上也被绊倒了，顺着楼梯往下滚，一楼、二楼间转角的地方很快堆成了人堆，灾难发生了。在这次拥挤踩踏事故中，8名学生死亡、17名学生受伤。

校园学生踩踏事故时有发生，每次发生都有不止一个学生受伤。如何减少此类事故的发生，是每一位家长和学生必须了解的问题。

1. 主动避开拥堵时间

下课或放学后不要因为急于玩耍或着急回家就抢道下楼，应按照顺序下楼，牢记安全第一。**若楼道人流量大，比较拥挤，可以等几分钟，人群疏散一点后再走**，下楼时尽量靠右边，手扶楼梯慢行。

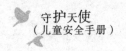

2. 上下楼的注意事项

上下楼时，靠一边走，不在楼梯上嬉戏打闹、追逐。人多的时候，不起哄，不故意叫喊、推搡。若是要系鞋带，应坚持到楼梯拐角处再系，不要随地蹲下就系，这样很容易造成拥堵，从而发生踩踏事件。

3. 发生拥堵时听从指挥

当出现不明情况的人群骚动时，千万不要慌张，更不要乱跑，要保持冷静。**当拥挤的人群向自己涌来时，要快速地躲到一边，不要跟着乱跑，避免摔倒。**若有老师指挥，应严格服从老师的指挥，按顺序撤离，也可以协助老师疏散人群，维持秩序。

4. 陷入拥挤时减少伤害的方法

若是不幸陷入拥挤的人群，要想办法让自己站稳，紧紧抓住楼梯扶手，防止摔倒。

就算是鞋带开了或被踩掉，也不要管。在拥挤的人群中动弹不得时，用一只手紧握另一只手的腕部，手肘撑开，端放于胸前，微微向前弓腰，形成一定空间，以保持呼吸通畅。

若不幸被人群挤倒在地，尽最大努力把身体蜷缩成球状，侧身屈腿，双手紧紧抱住头部，保护好自己的头、颈、胸、腹部等重要部位，尽量靠近墙角。

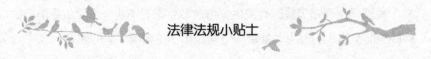

法律法规小贴士

学生伤害事故处理办法（2010 年修正本）

第十条　学生或者未成年学生监护人由于过错，有下列情形之一，造成学生伤害事故，应当依法承担相应的责任：

（一）学生违反法律法规的规定，违反社会公共行为准则、学校的规章制度或者纪律，实施按其年龄和认知能力应当知道具有危险或者可能危及他人的行为的；

（二）学生行为具有危险性，学校、教师已经告诫、纠正，但学生不听劝阻、拒不改正的；

（三）学生或者其监护人知道学生有特异体质，或者患有特定疾病，但未告知学校的；

（四）未成年学生的身体状况、行为、情绪等有异常情况，监护人知道或者已被学校告知，但未履行相应监护职责的；

（五）学生或者未成年学生监护人有其他过错的。

警惕可怕的校园火灾

●●● ………………………………………

一天，某校6层的女生宿舍发生火灾，楼内浓烟弥漫，6层的能见度不足10米。着火宿舍楼可容纳学生3000人，火灾发生时大部分学生都在楼内，所幸消防员及时赶到，千余名学生被紧急疏散，没有造成人员伤亡。

事后调查得知，宿舍最初起火部位为物品摆放架上的接线板，当时该接线板插着两台可充电台灯，以及引出另一个接线板。因电器插头连接不规范，且长时间充电造成电器线路发生短路，火花引燃附近的布帘等可燃物，蔓延向上造成火灾。

………………………………… ●●●

学校人口密集，学生的防火意识比较薄弱，消防常识和逃生自救知识往往也非常匮乏，因此，一旦发生火灾，容易造成群死群伤的后果。

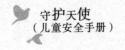

学校中，究竟哪些地方容易发生火灾，这些地方的哪些物品是火灾的根源呢？

1. 学生宿舍

学生宿舍之所以被排在首位，是因为它是火灾的温床。大部分的校园火灾事故中，起火点都是宿舍。

原因很明显，宿舍里人口密集，学生们用火、用电又不注意，很容易造成火灾。另外，学生们在宿舍的时候基本上都在睡觉，警惕性很低，发现火情时已经无法补救了。

宿舍中容易引发火灾的物品很多。比如有些学生随意连接电线，擅自使用大功率的电器，如电炉、暖宝宝、吹风机等，这些都容易使宿舍内电路负荷过大，造成短路，引起火灾。

2. 实验室

实验室被排在第二名也是实至名归，因为实验室内一般都储存着一定量的易燃易爆品，如使用和保管不当，极易引发火灾。另外，在实验过程中常用明火进行加热很可能出现危险。

3. 礼堂和体育馆

礼堂和体育馆内经常会举行一些大型的集体活动，一旦在活动中发生火情，疏散就是一个大难题。因为学生的年龄较小，很容易在灾难面前慌乱，不听从指挥。

另外，很多学校的安全疏散通道也存在问题，有的被改作他用，有的直接被堵上了，一旦发生火灾，后果不堪设想。

学校是孩子们学习和生活的地方。宿舍、图书馆、礼堂等人员集中的地方一旦发生火灾，受伤的不仅仅是一个人。那么在学校里该如何提高安全意识，防范火灾的发生呢？

1. 不在宿舍存放易燃易爆物品

学生宿舍里大都是被子、衣物等物品，这些物品一旦遇到火很容易燃烧。

因此，**学生不要在宿舍使用蜡烛、打火机等照明工具**；注意用电安全，不违章用电，**不乱拉电线，不使用禁用电器**；不在教室、宿舍以及公共场所吸烟，不乱丢烟头、火种。此外若发现用电隐患，每个同学都有责任向学校报告。

2. 定期进行火灾逃生演练

学校可以根据本校的实际情况，平时有目的地进行火灾逃生演练，这样可以有效地提高学生遇到火灾时逃生的技能。

演练时，一是要让学生熟悉逃生的路线，二是要让学生了解逃生时避免吸入有毒烟气而窒息的方法。

组织逃生演练时，可以请当地消防队给予指导，并结合实例介绍多种躲避、逃生、自救、呼救的方法，提高学生应对火灾的能力。

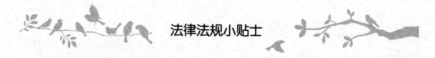

法律法规小贴士

学生伤害事故处理办法（2010 年修正本）

第十二条　因下列情形之一造成的学生伤害事故，学校已履行了相应职责，行为并无不当的，无法律责任：

（一）地震、雷击、台风、洪水等不可抗的自然因素造成的；

（二）来自学校外部的突发性、偶发性侵害造成的；

（三）学生有特异体质、特定疾病或者异常心理状态，学校不知道或者难于知道的；

（四）学生自杀、自伤的；

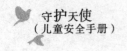
　　（五）在对抗性或者具有风险性的体育竞赛活动中发生意外伤害的；

　　（六）其他意外因素造成的。

08

守望幸福："大人"才是问题所在

"小"溺爱引起的"大"犯罪

陈先生只有一个儿子，是个调皮鬼。因为自己常年在外打工，妻子带着儿子与母亲一起生活。奶奶格外疼爱孙子，对儿媳管教孩子总是横加干涉，甚至与儿媳反目成仇。但有一点是一致的，如果自己家孩子和别的孩子发生争执，她们会同心协力护着自家的孩子。当孩子的父亲回家管教儿子时，婆媳俩会一同责怪他不近情理，难得回家，还不放过孩子。孩子于是凭借着奶奶和母亲的保护伞，不服父亲的管教。这导致孩子学习成绩差，连留两级，整天在外闲逛，不是偷东西，就是赌博。正是由于这些袒护和放纵，助长了孩子唯我独尊、目无法纪、胆大妄为的心理，让孩子从惹小麻烦、小违规到走上犯罪的道路。

好多家长长期在外务工，孩子跟着爷爷奶奶一起住。老人一般对孩子都十分溺爱，什么都顺着他们。而孩子的父母更是很久才回家一次，即使看到孩子有不良的行为，也不忍心责骂。但是溺爱和放纵会使孩子有恃无恐，心理畸形。当孩子第一次犯错时，会有恐惧和后悔心理，会

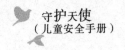

担心家长怎么看待自己、怎么处罚自己。在这种情况下，如果家长能给予重视，对其进行严厉的批评教育，指出危害，告诫孩子应该怎么做，孩子就会有悔改之意，迷途知返。如果孩子第一次犯错得到父母的袒护，就会有第二次、第三次……就会越来越多地犯错，甚至越错越理直气壮，最后由量变到质变，很难回头。溺爱的危害主要有如下几点。

1. 性格骄横，唯我独尊

过度被溺爱的孩子最直接的后果就是性格骄横乖张。由于家长会无条件地满足孩子的一切要求，甚至包括很多无理的想法，孩子在家谁也管不了，就会目中无人，唯我独尊，不尊重长辈，不懂得宽容。试想，这样的人将来如何在社会上立足？！

2. 人际交往会出现障碍

过度被宠爱的孩子总觉得自己是"小皇帝"，大家都必须听他的。他也不会为别人着想，凡事以自我为中心，自私自利，久而久之自然就没有人愿意和他做朋友。**这些被宠坏了的小孩就会变成"孤家寡人"，人际关系一塌糊涂，未来的学业、事业甚至婚姻都会受到影响。**

3. 不知做人的礼节

家长对孩子过度溺爱，做出各种让步，不对他们的一些不良行为进行阻止，孩子就不会懂得尊老爱幼，更不会知道什么是礼貌，没有做人的基本礼节。

4. 不能承受挫折

家长给予孩子的溺爱，把孩子变成了温室里的花朵，什么事都由家长包办，做错事情也不用承担责任，更不会知道什么是挫折。孩子一旦离开温室，遭受到一点点困难，就会手足无措，畏手畏脚，变得懦弱无能。

孩子处于成长期，他们对社会的认知主要靠成人引导。对于留守儿童，家长在给予关爱、体贴的同时，要让孩子知道什么是可以做的，什么是不能做的。

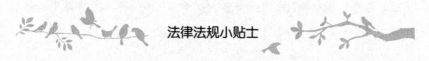

法律法规小贴士

学生伤害事故处理办法（2010 年修正本）

第十三条　下列情形下发生的造成学生人身损害后果的事故，学校行为并无不当的，不承担事故责任；事故责任应当按有关法律法规或者其他有关规定认定：

(一)在学生自行上学、放学、返校、离校途中发生的；

(二)在学生自行外出或者擅自离校期间发生的；

(三)在放学后、节假日或者假期等学校工作时间以外，学生自行滞留学校或者自行到校发生的；

(四)其他在学校管理职责范围外发生的。

监管不力导致的学习焦虑

超超是个机灵鬼，小脑瓜转得特别快，用班主任的话说，"这孩子，要是有人督促管教，保不定是块好材料。"超超的父母常年在外务工，他和爷爷奶奶一起住。上初中后超超的成绩时好时坏，老师与其父母多次电话沟通，希望其父母有一方回家，监督超超学习。可超超父母怕丢掉工作，长假请不到，短假也起不到作用。爷爷奶奶又管不住超超。

近来超超被几本武侠小说迷住了，下课看，上课也看，加上买书配

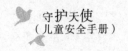
送的游戏光盘，弄得超超心里直痒痒，上课老走神。老师讲课没认真听，导致课后作业不会做，接连几个月跟不上进度。超超心里因此感到紧张、焦急。月考后，超超由十几名落到了三十几名，超超的血直往上冲，并出现了耳鸣。此后即使超超上课想用心听，可精力根本无法集中。超超的自信心开始动摇，萌生了不想读书的念头。

这是一个留守儿童由于缺乏父母监管，自控力不强而引发的学习焦虑、紧张，并伴有生理反应的典型案例。

留守儿童大都在老家读书。留守儿童的父母出来打工，是为了让孩子享受更好的教育，学到更多的知识，做一个有文化、有担当的好孩子。但如果父母只为打工挣钱而不管孩子的教育，在孩子人生重要的节骨眼上不会取舍，就失去了打工挣钱的意义。

相关资料表明，中学生中有 36.7％的学生存在学习压力大的心理问题，主要表现为学习焦虑和自卑感。学习焦虑是一种一般性的不安、担忧和紧张感。

学习焦虑对学习活动产生的危害主要有三个方面：一是注意力分散，影响对有关信息的掌握；二是影响学习策略的有效适用；三是妨碍考试策略的运用，对已掌握的内容也不会回答。一般认为，学习紧张感过强或过弱都会使学习效率下降。

形成学习紧张心理的原因主要有两个方面：一个是外部原因，学习的压力、考试的压力、同学竞争的压力、家长的压力、老师的压力、社会的压力。另一个是个人原因，个人成就要求过高、自我肯定不足、自我评价偏差。

面对孩子学习紧张、压力大的心理问题，应从以下几个方面调整。

1. 端正思想观念

在中国，家长望子成龙、望女成凤的心理非常普遍。许多家人不管孩子自身的能力，一味强调孩子的学习成绩，要求孩子考重点学校、上重点班，将来找份好工作。其实每个孩子的特质与潜力都不一样，孩子的学习能力既与父母的遗传基因相关，又与后天的教育、个人的努力有关。家长应明白这个道理，不要给孩子过大的压力。

2. 掌握学习方法

有的孩子上课认真听讲，下课认真做作业，很努力地预习、复习，可成绩就是上不来。这就是因为没有掌握好的学习方法。好的学习方法会影响孩子的生活、学习、人际关系、性格等方面，从小让孩子掌握好的学习方法，会使孩子终身受益。

3. 父母尽量不要双双外出打工

对留守儿童的教育只靠学校老师和临时监护人是不够的，最重要的还是孩子的父母。**处于义务教育阶段的孩子至少应有一位家长留守，这对于孩子的人格培养和学业成绩都是有益的**。因此，父母最好不要双双外出打工。其次充分考虑临时监护人的教育能力，不能选择一个只能照顾孩子衣食住行的老人。如家中老人确实没有教育能力，就留下一方照顾孩子。

4. 家长与留守儿童加强联系

父母即使打工在外，也应努力创设条件弥补家庭教育的缺失对其子女造成的不良影响，可通过打电话或写信，条件比较好的，也可通过互联网发电子邮件或QQ等形式，了解孩子在家中或学校的学习、生活情况，把握孩子的动态，及时给予指导、教育。**父母还要尽可能利用节假日回老家看看或接孩子到务工所在地短期居住**，关心他们的学习，使留守儿童在心理上产生安全感、归属感。

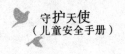

守护天使
（儿童安全手册）

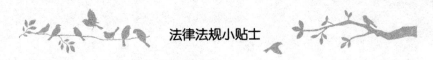

法律法规小贴士

学生伤害事故处理办法（2010 年修正本）

第十五条　发生学生伤害事故，学校应当及时救助受伤害学生，并应当及时告知未成年学生的监护人；有条件的，应当采取紧急救援等方式救助。

第十八条　发生学生伤害事故，学校与受伤害学生或者学生家长可以通过协商方式解决；双方自愿，可以书面请求主管教育行政部门进行调解。成年学生或者未成年学生的监护人也可以依法直接提起诉讼。

警惕孩子的"两面派"

俊俊已经上小学一年级了，可每天吃饭还需要奶奶喂。有一天中午，不知道什么事惹俊俊不高兴了，他坚决不吃饭，奶奶没办法，只好一路跟到学校喂饭。

其实，俊俊会自己动手吃饭，就是吃相难看点。俊俊1岁时，爸爸妈妈就外出打工了，他一直由爷爷奶奶照顾。俊俊的爸爸妈妈每月都按时寄钱回家，而且钱还不少。在俊俊看来，爸爸妈妈每月寄钱回来，爷爷奶奶照顾自己是理所当然。

因此，他想怎样就怎样。如果爷爷奶奶对他严厉了，不顺着他的意愿，他就会发脾气，用言语无法表达或宣泄自己的心情时，就摔东西，

· 152 ·

或是躺在地上又哭又滚，甚至会打电话向爸爸妈妈告状，添油加醋地说一番。听到爸爸妈妈在电话中训斥爷爷奶奶，俊俊就觉得特别解气。

在学校里，俊俊却是另外一种表现。班主任反映："俊俊的性格比较内向，胆小，上课不举手发言，下课受同学欺侮也不敢声张，典型的小绵羊。俊俊虽然是男生，但经常被女生欺负。"

一个孩子，两面做派，且差异这么大，不得不让人深思。

留守儿童因父母外出打工，管教孩子的重担就落在了祖辈及其他监护人的身上。由于隔代抚养，易产生两种极端现象。一种是严管：管得过死、过细，甚至"文""武"兼施。另一种是放纵：管不了，也管不好，随孩子自己去，只要生命安全，有个交代就行。

俊俊的问题，折射出留守儿童祖辈监护人在教育孩子中普遍存在的问题。如何科学、有效地管教孩子，是一门学问。

科学有效地管教孩子，就是要告诉孩子哪些事可以做，哪些事不能做，告诉孩子正确行为的标准。如果家里出现两面派的孩子，家长该如何做呢？

1. 理解孩子的两面做派

有人说，孩子天生就是个"势利精"，的确如此。你对孩子好，他就与你亲近；你对他恶，他就远远地躲着你。你若软弱，好讲话，他就在你面前"耍大刀"，与你叫板；你若强势、威武，他就俯首称臣，小绵羊般任你宰割。不仅仅孩子有两面做派，许多家长也是如此。

留守儿童失去了来自父母最坚强的保护，因此心里总有不安全感。在家中，由于祖辈的隔代溺爱现象十分普遍，孩子顺势也就任性撒娇。但在学校，同学之间互相平等，发生了矛盾时，非留守儿童比留守儿童显得更勇敢、果断。而留守儿童往往息事宁人，宁可自己吃点亏，也不敢惹事。

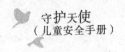
守护天使
（儿童安全手册）

2. 加强交流，统一意见

监护人管教孩子的方法要与留守儿童的父母一致，平时要多沟通、交流孩子的表现，尽可能让留守儿童的父母全面了解、掌握留守儿童在学校和家庭的基本情况，协助监护人管教好孩子。留守儿童的父母也要加强与孩子的祖辈监护人的联系、沟通，不仅仅是寄钱回家，管吃管穿，要更多地与孩子进行精神层面的交流。

3. 因势利导，适时调整

祖辈监护人与留守儿童的父母要加强沟通，父母不轻信孩子的告状，爷爷奶奶也不怕孩子告状，坚持正确的管教方式，留守儿童的两面做派就会得到有效的控制。此外，学校与家庭也要紧密配合，一方面监护人主动将孩子在家的情况向老师反映，另一方面老师也应将学生在校的情况向监护人进行汇报，形成统一的教育联盟。

4. 鼓励留守儿童参加兴趣小组

监护人及教师应积极鼓励并优先安排留守儿童参与社团活动，增加留守儿童与同学交流、互动的机会，培养留守儿童的阳光心态。

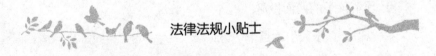

法律法规小贴士

学生伤害事故处理办法（2010 年修正本）

第二十三条　对发生学生伤害事故负有责任的组织或者个人，应当按照法律法规的有关规定，承担相应的损害赔偿责任。

第二十四条　学生伤害事故赔偿的范围与标准，按照有关行政法规、地方性法规或者最高人民法院司法解释中的有关规定确定。

教育行政部门进行调解时，认为学校有责任的，可以依照有关法律法规及国家有关规定，提出相应的调解方案。

留守儿童的品德问题

●●● ·····························

　　月月是个鬼灵精，才上小学三年级，就把班上的男生哄得围着她转。究其原因主要有两点，一是月月长得漂亮，而且嘴特别甜；二是月月特别大方，父母外出打工，偶尔带点小玩意回家，她也舍得与同学分享。加之奶奶平常惯着她，使她养成了想要的一定要得到的坏习惯。

　　有一天吃完午饭，月月在校园里溜达，看到同学小玉手里拿了个大柚子，正在使劲瓣。月月也想吃，就说："小玉，我帮你瓣，分我点吃，好吗？"小玉有点小气，回答道："谢谢，不用啦！"便转身离开。

　　月月心里很不舒服，平时小玉也没少吃自己的东西。这时班上的几个男生路过，见到月月生气，其中好事者道："走，把柚子抢过来，给月月出气。"男生们去找小玉，月月也不阻止。在相互推拉的过程中，小玉摔倒受伤了。

··························· ●●●

　　留守儿童和其他儿童一样，需要在家长的正确教育下，学会做人做事。联合国教科文组织早就将"学会做人，学会做事，学会学习，学会共处"作为教育的终身思想。留守儿童也要学会遵守学校纪律，做一个遵纪守法的好孩子，和同学交往时应注意分寸，知道什么该做，什么不该做。

　　家长如何使孩子学会做人做事呢？

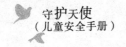
1. 从感恩孝亲，热爱劳动开始

留守儿童因为从小父母就远离身边到外地打工挣钱，父母与孩子的交流较少，孩子对父母的感情也不深厚。调查表明，大多数留守儿童虽然想念父母，但当父母回到家时，却和父母亲近不起来。因此，作为孩子的监护人要向留守儿童灌输父母外出打工的艰辛和无奈，要让孩子感恩父母为家庭做出的贡献。留守儿童的父母，在与孩子的交流沟通中，也要引导孩子感恩祖辈监护人，他们年龄大了，还要担负起操持家务、抚养幼小的重担。教育孩子从帮爷爷奶奶干家务做起，如铺床、扫地、刷碗等，做到自己的事情自己做，养成热爱劳动的好习惯。

2. 做人做事要诚实守信

所谓诚实守信，就是不夸大其词，不信口雌黄，说到做到，遵守诺言，做一个诚实的人。家长要想孩子诚实守信，首先要从自身做起，自己不撒谎，孩子才会不撒谎。

3. 培养敢于担当的责任心

培养孩子的责任心，从读书开始。许多留守儿童认为读书好、考高分，是为了给学校、给老师、给父母挣面子。其实不然，一个对自己都缺乏责任心的人，怎么能对父母负责，对社会负责呢？这样的人，你敢把工作、事业交给他吗？

所以家长要让孩子学会对自己负责，对自己的行为负责。家规、校规、国法是为了维护大家的利益而制定的，你触犯了家规、校规、国法，就等于是触犯了别人的利益，就要为自己的行为负责。

大多数留守儿童都是由爷爷奶奶或外公外婆照顾，父母不在身边，缺乏良好的家庭教育，意志力薄弱，抗挫折能力不强，学习能力普遍差。这些因素都会使他们缺乏自信心，看待事物消极，对比自己优秀的同学会有较强的嫉妒心和仇恨心理。只有帮助这些留守儿童树立正确的人生观和道德观，他们才能在这个社会上立足。

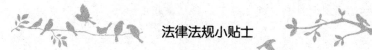

法律法规小贴士

学生伤害事故处理办法（2010 年修正本）

第二十五条　对受伤害学生的伤残程度存在争议的，可以委托当地具有相应鉴定资格的医院或者有关机构，依据国家规定的人体伤残标准进行鉴定。

第二十六条　学校对学生伤害事故负有责任的，根据责任大小，适当予以经济赔偿，但不承担解决户口、住房、就业等与救助受伤害学生、赔偿相应经济损失无直接关系的其他事项。

学校无责任的，如果有条件，可以根据实际情况，本着自愿和可能的原则，对受伤害学生给予适当的帮助。

留守儿童的卫生问题

"倩倩，你是个漂亮的小姑娘，为什么不注意卫生啊？瞧，小手像扒了炭似的。"

"老师，没有水洗。"

"村里不是打了井吗？家家都可以在自家门前抽水使用呀。"

"奶奶不给烧热水。说小孩子到处乱摸，等晚上睡觉前一块洗。"

倩倩家离学校不远，一刻钟就能到。老师决定做一次家访。一进院落老师发现院子里随意堆放着柴火，还有拉牵的晾晒衣服的绳子以及衣服，给人的第一印象就很杂乱。院子虽然扫过，但散养的鸡又拉了一地

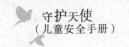
的屎，甚至房间里面也有。桌上吃饭落下的汤水还在，被子也没有叠起来，换下的衣服扔得哪都是。猪圈与牛栏紧挨着厨房，臭气烘烘的。

虽是寒冬，倩倩的奶奶正在冷水中洗着从自留地里摘回的青菜，双手冻得红红的，加上裂开的口子，看了让人心疼。"老人家，烧点热水，烫烫手，擦点防冻霜，手就会好些。"

"乡下人，总要干活，顾不了这么多。"

"您可以用电水壶烧水，给倩倩泡泡手。你看她的小手又脏又肿，小姑娘都是爱美的呀。"

"乡里人与城里人不一样，没那么多穷讲究。再说，小孩子，洗干净了，一会又脏了，就这样吧！居家过日子，不干不净，吃了没病。"

······· ● ● ●

我们知道，卫生与健康紧密相连。常言道，病从口入。卫生是健康的前提，健康是生活的前提。

怎样让留守儿童养成良好的生活卫生习惯呢？

1. 学习接受新的卫生知识

留守儿童大多数都与祖辈监护人生活在一起，而祖辈监护人长期生活在农村，固有的生活习惯和一些不卫生的做法，一时半刻又改不掉，甚至还有的老年人认为，这么多年都是这样过来的，思想上对新的卫生知识有抵触情绪。

这就需要基层工作人员，尤其是社区居委会(村委会)通过村民夜校、家长学校、农家大讲堂等形式反复讲，上门示范。

2. 确立目标，从简单的事情做起

改善农村的不良卫生陋习，不可能一蹴而就，就像人们习惯用右手写字一样，如果改为左手写字，需要一个过程。讲卫生，也是如此，因**此可以要求孩子从最容易的事做起：铺床、整理房间、洗头、洗澡、勤**

换衣服等。一个人穿着干净整洁，给人的印象就会大不同。监护人要本着改变自己是为了给孩子做榜样的思想，坚持从简单的事做起，只要持之以恒，良好的生活习惯就能形成。

3. 科学地进行人禽分离

人与牲畜要严格分离，这一点，无论家庭条件好坏，都要严格执行。农民把牲畜看得重是本分，但再重，也重不过人的健康。

在吃饭过程中，将猪骨头、鱼骨头随手扔在地上，让猫、狗、鸡吃掉，是很不卫生的一种做法。**人在进餐时，这些家畜在饭桌下自由穿行，身上的细菌会到处扩散，对人的健康影响很大**。猪圈、牛栏更不能离正屋、厨房太近，最好选择离居住房屋有一定距离的地方。

4. 留守儿童一天的卫生指导

留守儿童要讲究卫生，保障自己的身体健康。应提醒他们按照下面一天的时间推移，进行日常的卫生活动。

早上起床穿好衣服下床后，第一件事是开窗通气，并将被子反过来铺开。漱口、洗脸、梳头，等梳洗完毕后再铺床叠被。

进教室后，不要忙着放书包，先将课桌内的抹布拿出来，将桌椅擦拭一遍，再将书包放下，取出本节课需要的课本后，将书包放入课桌抽屉内。上课听讲时，不要将笔或手放进嘴里吮吸，也不要沾口水翻书。和人说话时，不要离得太近，以免唾液喷到别人。饭前便后要洗手。

晚上除刷牙、洗脸外，还要洗屁股、洗脚。女生内裤要每天换。睡前脱下的衣服要有序摆放，以备第二天早上起床时穿。需要换洗的衣服，要放在规定的地方，不要随手乱丢。

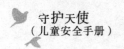

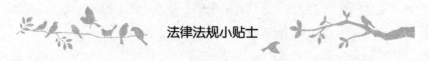

法律法规小贴士

学生伤害事故处理办法（2010 年修正本）

第二十七条　因学校教师或者其他工作人员在履行职务中的故意或者重大过失造成的学生伤害事故，学校予以赔偿后，可以向有关责任人员追偿。

第二十八条　未成年学生对学生伤害事故负有责任的，由其监护人依法承担相应的赔偿责任。

学生的行为侵害学校教师及其他工作人员以及其他组织、个人的合法权益，造成损失的，成年学生或者未成年学生的监护人应当依法予以赔偿。

留守儿童的隔代隔阂

每天早上，凡凡的奶奶就像闹钟一样，准时叫凡凡起床。奶奶每天的台词也都一样，"早点吃完早饭，早点到学校，做好准备好上课。"奶奶每天如此唠叨，让凡凡很烦。有一次，凡凡终于忍不住了，冲着奶奶大吼道："吃饭、上学，除了这些，你还能不能说点别的？"气得奶奶半天缓不过气来。

事后，凡凡也很自责。奶奶这般无微不至地关心自己，不该对奶奶发脾气。但凡凡也很心烦，好多事情不知道该和谁交流。如自己能不能进数学竞赛种子队；小倩今天上学走哪条路，能不能在路上遇见她；是进城读高中，与父母在一起，还是读本地的重点高中……这一切，根本无法与爷爷奶奶沟通，他们关心的重点只是自己要吃饱饭、穿暖衣、不出安全事故。

其实，凡凡的爷爷奶奶也在努力，虽然他们一辈子都生活在村里，也能感受到社会发展带来的变化，尤其是从电视上，了解了很多外面的信息。但毕竟60多岁的人了，在他们看来，照顾好凡凡的吃喝拉撒，把后勤保障工作做好，就是尽责了。

对于留守儿童的祖辈监护人来说，学习与孙辈交流，寻找到更多的共同话题十分重要。子女将孩子托付给你们，不仅仅意味着要对孩子的吃喝拉撒负责，还要对孩子的教育问题负责。虽说相当多的留守儿童家庭里买了电脑，也装上了宽带，能与父母视频，但毕竟父母不在身边，有很多东西是无法交流的。那么，留守儿童的隔代教育问题应如何进行呢？

1. 祖辈监护人要多学习

在农村，祖辈由于文化水平低下，教育观念落后，教育内容陈旧，教育方法肤浅，他们的教育能力和孩子的需求之间存在着较大的落差，无法对孩子实施正确的引导和教育。

祖辈监护人平时很少看书，但喜欢看电视。而且在农村，电视的拥有率较高，因此，**祖辈们可以通过观看电视上的一些教育节目，学习正确的教育方法**，树立正确的教育观，提高留守儿童的家庭教育环境质量。

2. 父母承担起教育之责

隔代教育中的家长应努力创造条件，弥补家庭教育缺失对其子女造成的不良影响。

留守儿童因为父母外出务工，缺乏父母的直接监护，需要隔代监护

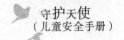

守护天使
（儿童安全手册）

人营造良好的家庭教育环境。同时父母也可以通过打电话、写信、视频等方式与子女进行经常性的情感交流和亲子互动，倾听子女的心声，询问他们的学习情况。积极鼓励他们的点滴进步，真正关心子女的成长，使他们能充分感受到父母的爱。

在农村，尤其是祖辈老人，在与孙辈的交流中，最怕对事物不够了解，丢了面子，常常选择少说或不说。其实，只要多给孩子鼓励、肯定、赞美，即便不懂、不会，孩子也不会瞧不起自己。

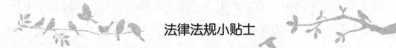

法律法规小贴士

学生伤害事故处理办法（2010 年修正本）

第三十五条　违反学校纪律，对造成学生伤害事故负有责任的学生，学校可以给予相应的处分；触犯刑律的，由司法机关依法追究刑事责任。

第三十六条　受伤害学生的监护人、亲属或者其他有关人员，在事故处理过程中无理取闹，扰乱学校正常教育教学秩序，或者侵犯学校、学校教师或者其他工作人员的合法权益的，学校应当报告公安机关依法处理；造成损失的，可以依法要求赔偿。

Part 3

父母的臂膀
挡不住
孩子的探索

守护天使
（儿童安全手册）

09

心理安全：让孩子的人生少走弯路

别让孩子在恐惧中长大

小刚12岁了，但他在封闭的环境里，就会产生恐惧、紧张和焦虑感，甚至不敢一个人乘坐电梯，一个人睡觉，一个人去厕所。

孩子的恐惧感不是天生的，受家长的影响很大。你想一下，曾经有没有对孩子说过这样的话，"你不乖乖听话、吃饭，待会儿那些鬼怪就会把你抱走。"

很多时候，家长通过这种恐吓来控制孩子，或者提弄孩子。这样的话，孩子就会容易怕鬼和怕黑，产生恐惧感。

目前我国有46%的孩子在家庭和学校生活中表现出脆弱倾向，具有很强的恐惧感。

害怕是每个人正常的心理活动，就像高兴和痛苦一样，一个人如果不知道害怕，就容易遇到危险，但小孩子过于胆小怕事也同样具有一定的危害，过度胆小会影响到人的交往和个人魅力的展现。

那么，家长怎样做才能防止孩子产生恐惧心理呢？

1. 不要过分溺爱孩子

对孩子溺爱的家长往往对孩子过度保护，看见孩子有一点恐惧表现就立即带孩子避开恐惧对象，使其失去了许多锻炼勇敢精神的机会。长此下去，对孩子坚强个性的塑造是绝无好处的。

被溺爱的孩子大多胆怯，依赖性强，自信心不足，恐惧的发生率会更高。

2. 不要随便对孩子发脾气

如果家长总是无缘无故地对孩子发脾气，**孩子对家长就会过分惧怕，整日心神不定**，看父母脸色行事，怕自己无端受罚，**以致形成畏畏缩缩的坏习惯**，对任何事情都产生恐惧感。

3. 不要恐吓孩子

有的家长为了让孩子听话，经常对孩子说："你要是再不听话，我们就不要你了。"为了让孩子顺利睡觉，就会对孩子说："再不睡觉，鬼就会来抓你……"父母是孩子的守护神，尽量不要用吓唬的方式来制止孩子不恰当的行为，润物细无声的爱才是对待孩子最好的办法。

4. 不要过分责难孩子

孩子年龄小，对事物的认识有限，心理上还不成熟，分辨是非的能力不强。如果我们过分责怪和批评他们，就会挫伤孩子的自尊心，降低孩子的自信心，他们就会时常担心自己做错事，久而久之就会产生恐惧心理。

孩子做错了事可以有节制地表示气恼，正确运用孩子对做错事的恐惧心理，教育和引导孩子学好，不能过分责难。

害怕是一种正常的情绪反应，每个人都有害怕的事情。年幼的孩子受到惊吓后很容易产生恐惧心理。家长要及时发现孩子的恐惧，弄清原因，及时处理，让孩子逐渐忘记不愉快的恐惧经历。

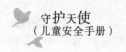

 法律法规小贴士

中华人民共和国未成年人保护法（2012年修正本）

第四十八条　居民委员会、村民委员会应当协助有关部门教育和挽救违法犯罪的未成年人，预防和制止侵害未成年人合法权益的违法犯罪行为。

第四十九条　未成年人的合法权益受到侵害的，被侵害人及其监护人或者其他组织和个人有权向有关部门投诉，有关部门应当依法及时处理。

别让孩子从内向走向抑郁

小木的父母是白领精英，平时工作比较忙，很少与孩子交流。小木从小就和爷爷奶奶生活在一起。由于年龄差距较大，爷爷奶奶只负责孩子的吃喝问题，几乎不和孩子聊天、玩游戏。因此，小木语言沟通能力的培养就这样缺失了，这使他成为一个非常内向、不爱表达的孩子。

今年6岁的小木，上小学不到3个月就不愿意再去了。每天不愿意吃饭，也不愿意说话。家长一提上学就哭。因为他在学校不和小朋友玩，下课经常一个人在教室里待着，老师上课提问也低着头不说话。为此老师多次给家里打电话说孩子心理有问题，导致小木的父母产生了让孩子休学的想法。

在日常生活中总有一些孩子性格内向、孤僻、懦弱。孩子性格内向可能是天生的，也可能与其成长的环境有很大关系。如果父母为人冷淡或工作太忙，很少与孩子沟通，都极易导致孩子性格内向。家长应及时帮助孩子改变性格上的缺陷，以免孩子由内向走向抑郁。这里有一些方法供家长参考。

1. 多与同龄人交往

家长应多带孩子到同龄的小朋友家做客，或者邀请他们来自己家陪孩子玩。 当孩子尝到当小主人的滋味时，一般都会兴奋、喜悦，这时候他们就会忙里忙外地招呼自己的小客人，不知不觉中就增强了自信心，塑造了开朗的性格。

2. 营造和睦的气氛

家长要为内向的孩子营造温馨、和谐的家庭气氛，使孩子感觉到被爱、被尊重。在这样的环境中孩子更容易主动和家长沟通，言语自由自在，有什么想法就会表达出来。

3. 主动与孩子沟通交流

平时工作比较忙的父母，可以和孩子约定好每周谈话一次。 性格内向的孩子一般都很少发言，家长与孩子谈话时，可以从孩子感兴趣的话题谈起，也可以说出自己的烦恼，让孩子帮忙出主意，这样孩子会觉得自己很重要，也乐意把自己心里的秘密和父母分享。

4. 维护孩子的自尊心

家长要维护孩子的自尊心，关心他们的行为。鼓励孩子多发言，切勿采取简单粗暴的教育方式，剥夺孩子发言的权利。父母还要有意识地培养孩子应对窘境的能力，塑造积极乐观的心态。

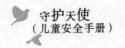

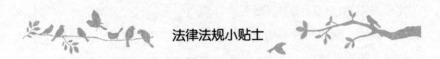

法律法规小贴士

中华人民共和国未成年人保护法（2012年修正本）

第五十一条　未成年人的合法权益受到侵害，依法向人民法院提起诉讼的，人民法院应当依法及时审理，并适应未成年人生理、心理特点和健康成长的需要，保障未成年人的合法权益。

在司法活动中对需要法律援助或者司法救助的未成年人，法律援助机构或者人民法院应当给予帮助，依法为其提供法律援助或者司法救助。

如何应对孩子的叛逆心理

〈案例一〉

今年上一年级的玄玄做事拖拉、粗心，妈妈每天都因为他的这些坏毛病，训斥他。可玄玄特别倔强，不管怎么教育，他都不听。最近，玄玄很反感妈妈说他，只要妈妈一开口，他索性就捂上耳朵，并且还说"不喜欢妈妈"。

〈案例二〉

翔翔在幼儿园上小班了，在班级中他的个头最高，是大家公认的"大哥哥"，而且这个"大哥哥"很有主见。你让他往东他绝对向西。你让他排好队，他肯定跑到旁边去玩。上课老师提问，小朋友都回答"是"，只有他一个人大声地回答"不是"。老师通过家访，了解到翔翔平时在家里也很有"个性"：吃饭时，让他快点吃，他就一口饭含在嘴里半天也不咽下去；晚上到了睡觉的时间，可他偏偏要在床上蹦来蹦去。

随着孩子年龄的增长，其自我意识会不断发展，主观能动性逐渐增强。对成人提出的一些要求有了自己的判断，他们不再一味地顺从于家长，而是有一种"我长大了"的感觉，觉得自己的事情要自己决定。如果家长不了解孩子的这些心理特点，一味训斥，甚至打骂，就容易使孩子在个性发展上走向两个极端：遇到事情缩手缩脚、胆小懦弱，或者是遇到事情执拗任性、目中无人。教育孩子必须遵循一定的儿童心理发展规律，面对孩子的逆反表现应对措施有如下几项。

1. 认识并了解儿童的逆反心理

儿童的逆反心理是孩子内心世界的一种真实再现，它并不是一件可怕的事，是儿童自我意识强化的一种表现。**在孩子的逆反期内，家长不要和孩子较劲，要以孩子的角度思考问题**，多听听每个家庭成员的意见，给孩子解释的机会和改错的时间。

2. 不能只简单粗暴地批评

当孩子的要求与做法不合理时，家长首先要给孩子讲清楚道理，告诉孩子错在哪里。孩子只有充分认识到自己的错误行为，才会从内心接受家长的批评和建议。教育孩子千万不要以威胁的口气和粗暴的方式进行，这样很可能会适得其反，孩子会故意和你对着干。

3. 家长要赏识孩子，肯定孩子

在日常生活中，**家长不要吝啬自己的夸奖，要对孩子正确的行为给予适当的赞赏**。孩子得到家长的赏识后，会心情愉快，信心增加，更容易接受家长的意见，主动改掉自身的小缺点。如果家长只是一味地训斥孩子，不仅影响家长和孩子的情绪，还会使孩子变得自卑。

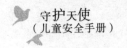
4. 家长要学会尊重孩子的意见

如果孩子有倔强、任性的行为，家长只表达对孩子的不满情绪是不够的，要给孩子表达和解释的机会。如果他对"无理的要求"可以提出合理的解释，家长不但要尊重孩子的意见，还可以按照孩子的意思满足他的需求。**与孩子在平等的氛围中交流，孩子会更容易接受家长的观点和意见。**面对倔强的孩子，家长要耐心和孩子交流，不要怕在孩子面前丢面子，要在孩子面前放下家长的架子，学会"蹲"下来和孩子讲话，倾听孩子的感受和想法。

5. 家长要学会恩威并施

对于听不进去道理、过于任性、屡教不改的孩子，家长要学会恩威并施。比如当孩子哭闹的时候，家长可以把他放在一边不予理睬，并给予适当的惩罚，让他得不到本该拥有的玩具等，并告诉他这都是因为他无理哭闹导致的。**要让孩子明白，他要为自己的错误行为承担相应的后果。**

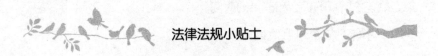

法律法规小贴士

中华人民共和国未成年人保护法（2012年修正本）

第五十三条　父母或者其他监护人不履行监护职责或者侵害被监护的未成年人的合法权益，经教育不改的，人民法院可以根据有关人员或者有关单位的申请，撤销其监护人的资格，依法另行指定监护人。被撤销监护资格的父母应当依法继续负担抚养费用。

如何应对孩子的强迫症心理

〈案例一〉

笑笑上小学四年级。开学后的一个多月笑笑出现了一些奇怪的行为。根据父母反映，近一个月来，奶奶接笑笑放学回家，发现笑笑不知道为什么走在马路上总是要数电线杆，不停地数，不数就觉得不舒服。有时数着数着因别人的干扰忘记了数目，会表现得很焦躁，甚至要求回到原点重新数。尽管家长对孩子多次进行严厉指责，但是没有效果。

〈案例二〉

可可今年11岁了，最近他的妈妈发现，可可每天刷牙的时间特别长，刷牙前必须先漱口6次再动牙刷；外出若是走在人行横道上，每一步都必须踩在道路的中间；每天晚上临睡前，一定要把两只鞋子放在与床沿一脚的距离，并与床沿垂直，才能安睡。老师也发现，他的每本书都被撕去两个角。

儿童强迫症发病的平均年龄在 9～12 岁，在带有敏感、害羞、谨慎、力求完美等个性特征的孩子中比较多见。具体表现为一些强迫性行为，如见到路灯、电线杆、台阶或窗户格等就抑制不住地反复去数；睡觉前，反复检查衣服鞋袜是否放得整整齐齐；反复数图书上人物的多少；强迫数自己走了多少步路等。

研究表明，孩子患上强迫症与一些家长的教育不当有一定的关系。有些家长对孩子的管教过分苛刻，要求子女严格遵守规范。在生活上过分强求有规律的作息制度和卫生习惯，一切都要求井井有条，书橱内

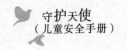
的书、抽屉内的物品、衣柜里的衣服都要求孩子排列整齐有序、干干净净。从而导致孩子做任何事都思虑过多，过分拘谨和小心翼翼，逐渐形成经常性紧张、焦虑的情绪反应。

若自己的孩子患上了儿童强迫症，家长可以在日常生活中帮助孩子进行自我矫正。**主要的方法就是减轻和放松孩子的精神压力，任何事都顺其自然，不要对孩子做过的事进行评价**，要让他们学会自己调整心态，增强自信，减少不确定的感觉。孩子在经过一段时间的训练后，会逐步建立自信，处理问题会更加果断，强迫的症状也就会逐步消除。

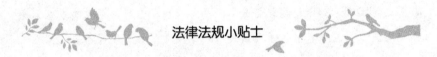

法律法规小贴士

中华人民共和国未成年人保护法（2012年修正本）

第五十六条　公安机关、人民检察院讯问未成年犯罪嫌疑人，询问未成年证人、被害人，应当通知监护人到场。

公安机关、人民检察院、人民法院办理未成年人遭受性侵害的刑事案件，应当保护被害人的名誉。

如何改变孩子的自卑心理

小哲的父亲是个出租车司机，平时很忙，很晚才会回家，因此很少参与教育小哲的事。小哲的母亲也有一间服装店需要打理，但还是尽量抽时间监督他学习。小哲家里还有个妹妹，比较霸道，常常欺负他，父母经常让小哲让着妹妹。父母对小哲要求很严，一旦做错事，爸爸妈妈就会严厉训斥他，有时父亲着急了，还会打他。

　　小哲上学后学习成绩还不错，数学和英语成绩都能达到 90 分，但是偏科严重，语文成绩经常不及格。上语文课时经常搞小动作，不好好听讲，也不认真做作业。为此，语文老师多次点名批评小哲，并让他请家长。同学们都觉得小哲是坏孩子，都疏远他，不和他一起玩，每次下课时小哲都傻傻地看着别人在操场上玩耍。渐渐地，小哲变得不爱说话了，平常走路也低着头，觉得自己什么也做不好，就连擅长的英语和数学的成绩也急剧下滑。

•••

　　从上面这个案例中我们发现，小哲自卑心理的形成与家庭教育和学校环境有很大的关系。小哲的父亲脾气暴躁，经常指责他，妹妹也经常欺负他，这使他从直觉上以为自己力量弱小，久而久之就会形成自卑心理。在学校，由于语文成绩差，经常被批评，小哲难以体会到成功的喜悦，会觉得自己一事无成，怀疑自己的能力，产生自卑感。在这样的家庭和学校环境下长大，导致孩子无法建立良好的自我形象。

　　孩子从出生的第 6 个月起就开始出现别人怎么看我的心理镜像，这种心理会伴随着孩子的成长。孩子会非常看重别人的评价，并把它当成一种自我评价的标准。学前教育和小学教育是孩子个性形成的关键时期。在这个过程中，如果孩子接受的评价大都是负面的，会让孩子渐渐失去自信和自尊，出现自卑心理。为了避免孩子产生自卑感，家长在这段时间里要做到以下几点。

1. 家长要多鼓励孩子

　　有的孩子之所以变得越来越自卑，一个非常重要的原因就是，家长经常指责、批评孩子。长此以往，孩子每做一件事，都会在潜意识中对自己做出否定的结论。孩子的内心是脆弱的，作为家长，即使孩子做出不恰当的行为，也不要大声呵斥、责骂孩子，而应该以正确的方式循循

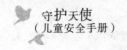
善诱。家长要多关注孩子的闪光点，不要抓着孩子的缺点不放，表扬也不要泛泛而谈，应该针对某一件事，具体地做出表扬。通过这些措施，慢慢地增强孩子的自信心。

2. 对孩子的要求不要过高

家长对孩子的期望不要太高，不要奢求孩子能把每一件事都完美地完成。在学习上，家长应放低对孩子的要求，不要总盯着分数不放，只要孩子尽力了，就应该得到理解和宽容。比如，有的孩子考试门门不及格。那么，第一步，家长可以要求孩子先争取一门及格，如果孩子达到要求就给予肯定和鼓励，之后再进一步提出要求。家长切勿拿自己的孩子与其他孩子对比，以免伤到孩子的自尊心，使孩子产生自卑感。

3. 创造机会让孩子开口说话

孩子产生自卑心理后，家长应经常带孩子进行户外活动，耐心地引导孩子走出自己的小圈子。同时，在户外活动的过程中，家长还可以邀请同龄的小孩一起出行。**户外锻炼，既可以让孩子开阔心胸，敢于与他人交流，也可以增进亲子感情，让爱唤起孩子心中的自信。**

4. 给孩子成长的机会

在日常生活中，家长要为孩子创造更多的锻炼机会，帮助孩子掌握一些基本能力，放手让孩子自己去完成一些简单的力所能及的事情。**成功的经验越多，孩子的自信心就会越强，更乐于去挑战新的事情，形成良性循环。**不过，在这个过程中，家长给孩子的任务难度稍微超出孩子的能力即可，不要太难，也不要太简单。

"冰冻三尺，非一日之寒"，孩子的自卑感不是一天形成的，克服它，也要有个过程，当家长的不能操之过急，要允许孩子有反复。只要坚持不懈地教育和帮助孩子，孩子的自卑心理一定会得到改变。

法律法规小贴士

中华人民共和国未成年人保护法（2012年修正本）

第五十七条 对羁押、服刑的未成年人，应当与成年人分别关押。

羁押、服刑的未成年人没有完成义务教育的，应当对其进行义务教育。

解除羁押、服刑期满的未成年人的复学、升学、就业不受歧视。

如何应对孩子的输不起心理

〈案例一〉

5岁的辰辰，特别喜欢和爸爸下棋，但毕竟年纪小，棋艺赶不上成人，虽然爸爸偶尔也会"放水"让他高兴，但辰辰就是无法接受输棋的现实，一输就哭。这让父母十分苦恼，孩子怎么这么输不起呢？

〈案例二〉

4岁的佩佩和小朋友玩猜拳游戏——石头、剪刀、布。只要佩佩赢，就会继续玩下去。但要是她输了，就会吵着说"不算数"，或是阻止别人赢她。其他的小朋友都不高兴了，纷纷跑开，不愿再和她玩。眼见大家都跑开，各玩各的，佩佩跑到妈妈身边，忍不住大哭着说："他们都不跟我玩。"

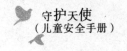
现在的孩子从出生起，就被父母捧在手心里。而新一代的年轻父母，更是懂得"爱"的教育，让孩子从小就在鼓励和赞美中长大。唯恐稍有疏忽，伤害了孩子幼小的心灵。

幼教工作者发现：在幼儿园中，有相当多的孩子以自我为中心，凡事都要以"我"为先，十分在意输赢和得失。比赛、游戏都不能输，输了就要赖、不愿意玩。有些孩子更是经不起一点挫折，如果他认为这项活动或任务有困难，自己可能会做不好，干脆就不做，连尝试的意愿都没有。为什么孩子会这么在意输赢，这又是如何造成的呢？

专家认为，坚持度的高低是影响孩子在意输赢的原因之一。坚持度高的孩子做什么事，非得完成不可，否则绝不罢休，而且还有点挑剔，有追求完美的倾向。坚持度低的孩子，做事情很容易半途而废，或草草了事，让人觉得他不够用心或努力。

此外，家长对孩子的影响也是不可忽视的。环境造就人的个性，孩子会观察和模仿家长如何处理失败与挫折，如果家长在日常生活中，较多地强调或者暗示凡事都要赢，孩子当然也会以此为准则。如果家长在孩子表现出色时，就在人前人后夸耀不已，而孩子表现不突出时，就在眉宇间显露出失望的神情，这些会让孩子觉得"失败了，爸爸妈妈就不爱我了"。因此孩子力求表现，只许成功，不能失败，以博得父母关爱的眼神。

1. 允许孩子发泄情绪

孩子失败后难免会闹情绪，这个时候家长要适度安慰孩子。可以对孩子说："我理解你想赢的心情，输了比赛，你感到很失望、难过，是吗？"如果孩子大哭大闹，家长可以适当地让孩子宣泄情绪，从而排除烦恼，使心情放松。

2. 以身作则，陪伴孩子慢慢成长

孩子是家长的一面镜子，**如果家长在生活和工作中对输赢过于计**

较，孩子就会看在眼里，记在心里。模仿是孩子学习的重要途径，要想让孩子"输得起"，家长就需要具有宽阔的胸怀，在为人处世上不斤斤计较，为孩子树立好的榜样。

3. 引导孩子正确对待输赢

家长不恰当的赞扬也会让孩子不能正视自己的能力。比如，总是夸奖孩子很聪明、很棒，而不是夸奖孩子所付出的努力和辛苦，长此以往，会造成孩子无法正视甚至逃避自己可能出现的"失败"。家长要让孩子知道，失败是每个人都会经历的体验。**当孩子失败后，家长要引导孩子进行正确的归因。**

4. 找机会增加孩子受挫时的承受力

当孩子遇到挫折时，家长不要立刻插手，不妨留给孩子自己面对失利的空间和机会。比如，孩子用积木搭一座"高楼"，快成功时"楼"却塌了。此时，家长不要直接替他解决问题，而是和他一起讨论，引导他去思考，让他自己去寻找解决的办法。孩子克服挫折的能力常常来自于遭遇过的挫折，当他的经验足够丰富时，就可以坦然面对挫折了。

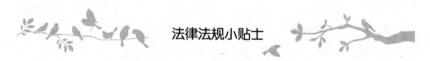

法律法规小贴士

中华人民共和国未成年人保护法（2012 年修正本）

第五十八条 对未成年人犯罪案件，新闻报道、影视节目、公开出版物、网络等不得披露该未成年人的姓名、住所、照片、图像以及可能推断出该未成年人的资料。

第五十九条 对未成年人严重不良行为的矫治与犯罪行为的预防，依照预防未成年人犯罪法的规定执行。

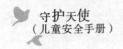

如何引导爱说谎的孩子

林果今年4岁半，长得像个洋娃娃，性格也活泼可爱，简直就是家里的开心果。但是，近一年的时间里，林妈妈发现孩子总是谎话连篇。一开始只是说一些无伤大雅的小谎话，家里人也没有在意，但是后来林果的谎话越来越多，内容也越来越过分。

有一次，林果对幼儿园的老师说，自己的爷爷住院了，想早点回家看看。老师联系家长的时候，恰巧是在家准备做晚饭的爷爷接的电话。这次事件后家长才知道，原来林果经常在幼儿园里说谎话，如伪装自己肚子疼要去看医生，吃饭的时候哭诉身边的小朋友欺负自己，等等。老师发现这其实都是林果自导自演的"闹剧"，对此很是头疼，小朋友们也渐渐疏远了她。

林妈妈用了各种方法，惩罚、利诱、警告、训斥，但丝毫不起作用，林果的行为反而更夸张。有一次和爷爷外出玩的时候，竟然自己跑到巡警面前说爷爷是拐卖小孩的坏人。林爸爸特意去了一趟派出所，才解决了此事。

孩子说谎的原因有很多，有的是因为自己做了错事，但又害怕受到惩罚而说谎；有的是因为想通过说谎，让家长满足自己的某种愿望；有的是因为错误模仿大人的行为而说谎；有的是因为不愿意做自己不喜欢做的事情而说谎；有的是因为分不清想象与现实间的差异而说谎；有的是因为希望引起他人的注意而说谎；有的则是因为要故意刺激、报复家长而说谎，等等。家长只有先搞清楚孩子说谎的动机和性质，才能根据不同的说谎行为采取有效的措施，对孩子的教育才能够对症下药、有的放矢。

那么家长应如何改变孩子的说谎行为呢？

1. 培养孩子明辨是非的能力

家长应从小培养孩子明辨是非的能力。通过言传身教或讲故事，分析身边的小事，说明一些做人的道理，让孩子了解什么是对的，什么是错的；什么事能做，什么事不能做。让孩子知道说谎会对别人和自己产生怎样的不良影响。通过明辨是非，让孩子懂得诚实是一种美德，知错就改还是好孩子。

2. 不要惩罚主动认错的孩子

在现实生活中常常有这样的事例，如果孩子回家说今天在学校挨了批评或者考试不及格，家长往往是一顿严厉的批评，甚至会体罚孩子，而说谎却常常能使孩子逃过责难。这样一来，孩子将逐渐体会到说真话会受到惩罚，不说真话倒能平安无事，甚至还可以赢得父母的赞赏。如果下次考试成绩不好或犯了什么错误时，孩子就会想尽办法隐瞒过去，以逃避惩罚。

因此，家长正确的做法是：**当孩子第一次告诉你他在外面闯了什么祸或学习成绩不好时，家长首先要表扬孩子的诚实，然后帮助孩子分析为什么会出错**，一起找出解决问题的好办法。这样孩子以后就不怕对家长讲实话，有了困难也愿意求助于家长。

3. 创造良好的环境

在孩子的眼中，家长是他们崇拜的偶像，家长的一切言论、行动无不对孩子起着潜移默化的影响。

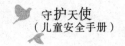
所以，家长要以身作则，用诚实的语言和行为为孩子树立良好的榜样。只有家长心灵美，才有可能培养出一个同样心灵美的孩子。"近朱者赤，近墨者黑。"常与说谎的孩子为伍会染上说谎的劣习，所以家长要教会孩子选择"益友"。

4. 不要随意给孩子"贴标签"

孩子说谎往往并不是为了故意伤害他人，因此家长不要轻易将孩子的说谎行为与孩子的品质画等号，**不能因为孩子的某一次谎言就给孩子定性，贴上"小骗子""谎话专家""吹牛大王"等标签。**

这样做不但对孩子改掉说谎的毛病没有任何帮助，反而会对孩子的说谎行为起到强化的坏作用，可能会促使孩子今后更加频繁地说谎。因为如果孩子感觉到自己在父母眼里是个不诚实的、爱说谎的孩子，他的自尊心会受到伤害，产生逆反心理，认为既然父母说自己是"骗子""说谎大王"，那么就做给他们看好了。

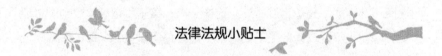

法律法规小贴士

中华人民共和国未成年人保护法（2012年修正本）

第六十三条　学校、幼儿园、托儿所侵害未成年人合法权益的，由教育行政部门或者其他有关部门责令改正；情节严重的，对直接负责的主管人员和其他直接责任人员依法给予处分。

学校、幼儿园、托儿所教职员工对未成年人实施体罚、变相体罚或者其他侮辱人格行为的，由其所在单位或者上级机关责令改正；情节严重的，依法给予处分。

如何改变孩子的善妒心理

〈案例一〉

小贝今年4岁了，在幼儿园上小班。一天幼儿园组织户外活动，小贝的同学小华在踢球时不小心摔倒了。老师扶起小华后，看到小华疼得马上要哭出来了，为了使其他小朋友能正常活动，老师从口袋里拿出一颗巧克力糖果，安慰小华说："我们小华是个男子汉，球踢得好，就算摔倒了也不哭，老师奖励你一颗巧克力糖。"旁边的小贝看见了，急忙把裤腿挽起来，指着在家和小朋友玩耍时不小心弄的伤疤对老师说："老师，我昨天也摔倒了，腿都摔破了，我也没有哭！"于是，老师也给了小贝一颗糖。

〈案例二〉

在幼儿园的一节涂色课上，孩子们很快就掌握了涂色的要领：上下上下，左右左右，不能出线！不留空白！小白左看看，右看看，涂得比较慢。旁边的宁宁把涂好了的画拿给老师看，离开座位的时候不小心碰到了小白的胳膊，小白马上就哭起来："你为什么撞我？"宁宁连忙道歉说："对不起，我不是故意的。"小白不但没有接受宁宁的道歉，还噘着嘴跟老师说："老师，宁宁推到了我的手，我都涂坏了。"小朋友们陆陆续续都完成了自己的作品，老师奖励了涂得又快又好的宁宁一朵小红花，还没有涂好的小白急忙说道："老师，静静还没画好。"又看了看左右两边说："老师，宁宁把颜色涂在外面了，不应该得小红花。""老师，麦麦还没有我涂得好呢！"

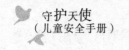

孩子产生嫉妒心理主要有三方面原因。首先是环境的影响。如果在家里，大人之间互相猜疑、互相看不起，会在无形中影响孩子的心理。其次是不适当的教育方式。有的家长常常对自己的孩子说他在什么方面不如某某，使孩子以为家长喜欢别人而不喜欢自己，由不服气而产生嫉妒。此外，有的孩子能力较强，但在某些方面不如别的小朋友，这样的孩子也容易产生嫉妒心理。能力较强的孩子，会因为自己经常得到肯定而形成一种"惯性"，如果有一次没受到重视和关注，就产生嫉妒。

嫉妒是一种不健康的心理状态，它带来的后果往往是竞争、攻击和对立。嫉妒心理对孩子的人际交往具有不良的影响，会妨碍孩子的进步。对于嫉妒心强的孩子，家长一定要做好心理疏导工作。帮助孩子克服嫉妒心，家长可以尝试这样做。

1. 正确评价孩子

家长应尽量多找一些时间和孩子交流，和孩子一起做活动，从而全面了解自己的孩子，对孩子做出正确的评价。孩子对自己的评价是以成人对他的评价为标准的，所以，**作为父母一定要实事求是地评价自己的孩子，既不能看低孩子，也不能过分赞扬孩子**。家长应该适时指出孩子存在的缺点，帮助孩子逐渐改正。

2. 引导孩子树立正确的竞争意识

有嫉妒心理的孩子一般都有争强好胜的性格。家长要引导和教育孩子用自己的努力和实际能力去同别人相比。竞争是为了找出差距，更快地进步和取长补短，不能用不正当、不光彩的手段去获取竞争的胜利，要把孩子的好胜心引向积极的方向。

3. 让孩子了解嫉妒的危害

家长要使孩子了解，即使是他们尊敬的爸爸妈妈也会有嫉妒的感受。家长可以这么和孩子说，当孩子与爸爸在一起亲亲热热的时候，妈妈也会嫉妒爸爸，但妈妈不会因此而乱发脾气或感到难过。因为人一旦任由嫉妒控制，就会在心中产生报复的心理，这样不仅仅会危害别人，也会危害自己，限制自身发展。

此外，家长应当在家中营造一种团结友爱、互相尊重、谦逊礼让的家庭氛围，让孩子从中学习优良的品质，形成正确的价值观。

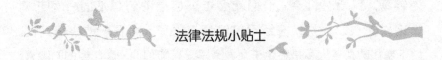

法律法规小贴士

中华人民共和国未成年人保护法（2012年修正本）

第六十四条　制作或者向未成年人出售、出租或者以其他方式传播淫秽、暴力、凶杀、恐怖、赌博等图书、报刊、音像制品、电子出版物以及网络信息等的，由主管部门责令改正，依法给予行政处罚。

如何拯救沉溺与幻想的孩子

妈妈和纤纤一起玩小火车，纤纤一边拿着小火车一边问妈妈："妈妈，坐在火车上的人他们说什么了？"妈妈回答说："他们都说这个火车开得真快，他们马上就能到达目的地了。"妈妈和纤纤一起玩洋娃娃，纤纤故意把洋娃娃扔到一边后问妈妈："洋娃娃说什么了？"妈妈耐着性子说："洋娃娃很伤心地哭了，她想和你一起玩。"妈妈在打扫卧室的时候，纤纤跑过来说："妈妈，门口有坏人，快跟我去看看吧。"妈妈很无奈地跟她跑去客厅，和她一起玩角色扮演，扮成警察抓坏人。抓到坏人后纤纤又问妈妈："坏人说什么了？"妈妈很无奈，就说："他什么都没说！"

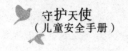
从2岁左右起，幻想开始成为幼儿生活的重要组成部分。这是孩子成长过程中的一种自然表现，而且对孩子的人格成长起着积极的作用。过多幻想会使孩子沉溺于自己的世界，在这个世界里，他们是唯一的霸主。因为总是沉浸在幻想中，所以他们很少与人交往，也很孤独。他们没有办法专心学习，思绪四处游荡，只要有机会，他们就会走进自己的幻想王国。幻想对于这样的孩子来说，已经不仅仅是想象了，而是一种心理问题。由于现在的孩子大多是独生子女，家里没有能和他一起玩耍的同龄人，孩子们便会幻想出各种场景和人物，这种幻想能够使孩子避免孤独和无趣。那么，对于这样富于幻想的孩子，家长应怎样进行教育呢？

1. 让孩子充实地生活，改善单调的环境

孩子不切实际的幻想是因为生活比较单调、不充实。因此，家长可以安排他们做一些活动，比如和小朋友玩耍，帮助爸爸妈妈做家务，整理自己的小房间等。这样可以很好地减少孩子的幻想时间，并感受到生活的乐趣。

2. 培养孩子广泛的兴趣和爱好

现在的孩子大多是独生子女，他们的世界除了玩具，就是动画片。而在玩具和动画片中，孩子体验到的都是想象。他们会和洋娃娃讲话，会把自己想象成为圣斗士和怪物大战。

在生活中，很多孩子找不到其他的关注对象，只好把自己放在幻想的世界里。所以，为了避免孩子过度幻想，**家长应该使孩子拥有更多的兴趣和爱好，让他在自己的世界里更多的关注其他事物。**总之，孩子的想象和成长的环境是分不开的，家长应该为孩子提供充实、快乐的环境，这样他们过多的幻想才会消失。

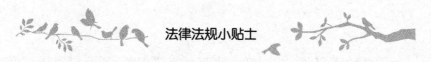

法律法规小贴士

中华人民共和国未成年人保护法（2012年修正本）

第六十六条　在中小学校园周边设置营业性歌舞娱乐场所、互联网上网服务营业场所等不适宜未成年人活动的场所的，由主管部门予以关闭，依法给予行政处罚。

营业性歌舞娱乐场所、互联网上网服务营业场所等不适宜未成年人活动的场所允许未成年人进入，或者没有在显著位置设置未成年人禁入标志的，由主管部门责令改正，依法给予行政处罚。

如何应对孩子对物品的依恋情结

豆豆今年5岁了，活泼可爱。她从1岁起就喜欢上了姑姑给她买的礼物——布娃娃。由于爸爸妈妈工作忙，豆豆常年由保姆照顾，她大多数时间都是和布娃娃在一起，即使是晚上也要抱着布娃娃睡觉。尽管在她的玩具箱里有各式各样的玩具，但她一点也不喜欢。不论豆豆是到爷爷奶奶那儿小住还是到幼儿园上学，布娃娃一直是她最重要的东西，一旦醒来必须得把它紧紧抱在怀里，才能安静下来。如果她发现布娃娃没在身边，一定会烦躁不安，甚至哭闹不休。

除了布娃娃以外，豆豆没有对其他任何的人和事表现得如此依恋。她好像很难适应新的环境，在幼儿园从不主动和小朋友说话，也不和他们一起玩。上课时不举手发言，老师提问时，她也很少回答，

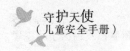
总是低着头看她的布娃娃。此外，豆豆遇到事情就退缩，唯一喜欢做的事就是抱着布娃娃自言自语地躲在角落里。

恋物情结是年幼孩子比较常见的一种心理现象，属于心理问题，但并不等同于心理疾病。儿童的恋物情结主要是指一种离开某一样陪伴惯了的东西(也许是玩具，也许是生活中其他物品)就忐忑不安的行为。有恋物情结的儿童怕见生人，逃避集体活动，不敢与人说话和交往，胆怯退缩，表情淡漠。

有关研究表明，幼儿"恋物成瘾"大多是因为安全感匮乏引起的。孩子天生就有一种和父母亲近的本能，喜欢依偎着爸爸妈妈，想待在爸爸妈妈温暖的怀抱中。一旦，孩子的这种需求得不到满足，孩子就会将这种情感转移到其他物品上。还有的家长爱子心切，对孩子保护过度，孩子缺乏社会交往经验，被一个人关在家中的孩子很少跟其他孩子接触，内心的孤独会让孩子把自己的渴望与想象寄托在和自己有感情的物品上。

孩子出现恋物情结，家长不必过于紧张，因为家长越紧张，孩子就越不知所措，甚至会产生罪恶感，这更不利于孩子改正。作为家长，应该掌握以下原则。

1. 不要直接指责孩子

家长直接指责孩子恋物行为是不合适的。年轻的家长教育孩子常常急于求成，认为最简单直接的方法就是最管用的方法。如硬性拿走孩子依赖的物品，等等。这会给孩子造成心理压力，尽管有时奏效，但更多的情况下是事与愿违。

其实，家长发现孩子恋物，应该明确让孩子知道自己对其恋物行为不赞成的态度，并且通过一定的方式向他讲明恋物行为是不好的。比如天天抱着布娃娃不卫生，布娃娃不容易清洗，上面的细菌容易传染皮肤病，整天将布娃娃带在身边不方便；还可以告诉孩子藏小饼干不但容易使食物变质造成浪费，还容易把蟑螂引来。经常这样告诫孩子，时间长了，孩子的恋物行为就会逐渐改善。

2. 转移孩子的注意力

孩子恋物往往是由于内心缺乏安全感，渴望从玩具等物品上得到情感寄托而造成的。

因此，家长应该让孩子得到更多的安全感，分散他的注意力。在孩子忧伤、高兴、遭到批评或得到表扬时，及时通过身体接触的方式表达家长对他肯定、否定、安慰等情感和态度。这样，不但能满足孩子受到亲人关注的心理需求，还能增进亲子感情。

家长还可以多和孩子聊聊天，做些有趣味的小游戏，并多为孩子提供、创造接触外界的机会，带他到动物园、植物园乃至郊外让孩子开阔视野，认识更多事物，而不应让他沉溺在自己和所恋物品的狭小天地里，用亲情代替恋物之情。

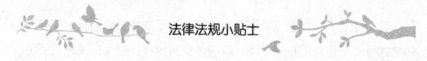

法律法规小贴士

中华人民共和国未成年人保护法（2012年修正本）

第六十七条　向未成年人出售烟酒，或者没有在显著位置设置不向未成年人出售烟酒标志的，由主管部门责令改正，依法给予行政处罚。

第六十八条　非法招用未满十六周岁的未成年人，或者招用已满十六周岁的未成年人从事过重、有毒、有害等危害未成年人身心健康的劳动或者危险作业的，由劳动保障部门责令改正，处以罚款；情节严重的，由工商行政管理部门吊销营业执照。

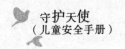
如何应对儿童多动症

轩轩今年6岁了，读小学一年级。上学没几天，老师就发现轩轩上课时注意力很难集中，小手一会儿摸文具，一会儿玩东西。和同学的意见稍有不和，他就发脾气、耍赖，甚至动手打人。老师批评后管用不了几分钟，就又回到之前的状态。轩轩不仅学习时专注力不够，就连他看动画片、玩玩具时都不能一心一意，总是坚持不到10分钟，就不耐烦了。

老师建议轩轩的父母带孩子去看医生，经诊断，轩轩患有多动症（注意缺陷与多动障碍）。轩轩的父母很纳闷，一直以为男孩子好动很正常，没想到居然是一种心理疾病。

作为家长，一定要留心观察孩子各个方面的发展，一旦发现孩子的情绪或行为与正常的孩子不同，就应该及时治疗。很多家长对儿童多动症的早期症状并不了解，往往等到患儿症状十分明显时才求医问药，此时，孩子的多动症即使能够治好，也已耽误了学习知识的宝贵时间，因此要做到早发现早治疗。

儿童多动症并没有发病的具体时限，不同年龄段的具有多动症倾向的儿童表现不同。在婴儿期的表现是，总要妈妈抱，喜欢哭闹，睡觉不踏实，吃奶时吃吃停停，没有规律。三四岁的表现是，非常活跃，在家里调皮捣蛋，玩具到处乱扔，吃饭的时候常常会弄得满桌子都是饭粒和菜。五六岁的表现是，在幼儿园从来不听老师讲课，搞小动作，还会发出各种吸引别人注意的声音，如学狗叫等，而且喜欢招惹别的小朋友。小学时期的表现是，上课注意力不集中，坐不住，小动作多，丢三落四，做作业心不在焉，并且情绪冲动，容易被激怒，经常因为一些小事发脾气等。不管在哪个年龄段，一旦家长发现孩子有多动倾向，就要及时请教专业人士，如医生、心理咨询师、儿童教育专家等，尽早帮助孩子治疗。

如果发现孩子过于活泼，家长就要高度重视，但是要正确地区别孩子是活泼还是多动。如果孩子平时在家里很活泼，一旦有客人在就能安静下来，或者好动是有目的性，而不是瞎动，这都属于正常的活泼。

那么，家有多动的孩子，家长该如何做呢？

1. 营造宁静和谐的家庭氛围

家长应该了解多动症的特点，对于多动儿童的要求，切莫像对待正常孩子那样严格。只要求他们的多动行为，能控制在一个不太过分的范围就可以了。

对孩子的说教要轻言细语、充满关切，不要歧视、打骂多动症患儿。不要吝啬关爱的目光和话语，要经常抱抱孩子，向孩子表达出爸爸妈妈非常爱他。

2. 行为教育法

从小培养孩子一心不二用的习惯，如吃饭时不看电视，做作业时不玩玩具等。家长可以根据患儿年龄及病情进行集中注意力的训练。对注意力严重不集中者，开始可让其每日 1 ~ 2 次定时听故事，或让其自己读书，每次 5 分钟，然后慢慢延长时间。学龄期以后如果每次能集中注意力听故事或阅读 45 分钟以上者，说明已达到了正常儿童的标准。

3. 注意力转移法

对精力过剩的患儿，家长要进行正面引导，使他把过多的精力发

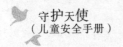
泄出来。家长可以让其多参加打球、爬山、跑步等户外活动，不应要求这类儿童变成一个文静温顺的孩子。在安排孩子进行活动时，应注意安全，避免危险。对有兴趣爱好的患儿，可以引导他把时间和精力用到兴趣爱好上。

4. 强化法

强化法分为正强化法和负强化法。

正强化法是指当儿童出现所期望的目标行为时，就采取奖励的办法，以提高此种行为出现的频率。 其目的在于矫正不良行为，建立良好行为。如多动患儿写家庭作业时，注意力集中了较长一段时间，家长可以奖励一个拥抱或一个吻，还可陪孩子做一项喜欢的运动。

负强化法是通过厌恶刺激来抑制不良行为，从而建立良好行为。 如家长可以对多动的孩子说，如果他不好好写作业，周末就不带他去游乐场。

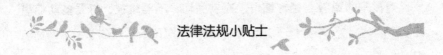

法律法规小贴士

中华人民共和国未成年人保护法（2012 年修正本）

第六十九条　侵犯未成年人隐私，构成违反治安管理行为的，由公安机关依法给予行政处罚。

第七十条　未成年人救助机构、儿童福利机构及其工作人员不依法履行对未成年人的救助保护职责，或者虐待、歧视未成年人，或者在办理收留抚养工作中牟取利益的，由主管部门责令改正，依法给予行政处分。

第七十一条　胁迫、诱骗、利用未成年人乞讨或者组织未成年人进行有害其身心健康的表演等活动的，由公安机关依法给予行政处罚。

⑩

粉色空间：不可小视的性教育

怎样看待孩子们的"性游戏"

欢欢和灰灰是好朋友，经常在一起玩。有一天，欢欢的妈妈发现孩子们在房间里安静了好长时间，就推开了门，问孩子们怎么回事。欢欢赶紧把妈妈往外推："妈妈，你别管，我们在做游戏呢！"灰灰走后，妈妈对欢欢说："宝贝，你们刚才在做什么游戏啊，妈妈也好想学，你教妈妈一下吧。"欢欢愉快地答应了，进屋后欢欢说："妈妈你先躺下，咱们来扮演王子和公主结婚的故事。"妈妈刚躺下，欢欢就用下身在妈妈身上蹭来蹭去。妈妈吓了一大跳，大声呵斥："你这是从哪学的啊？"欢欢说："电视上就是这样的啊！"妈妈气呼呼地对女儿说："以后不许玩了啊，真丢人！"欢欢吓得大哭起来……

很多家长认为孩子还小，不需要这么早对他们进行性教育，觉得他们现在还不懂，等到青春期再教育也不晚。但是在上述案例中，孩子已经表现出对成人性行为的模仿。孩子们之间的"性游戏"，让家长既生气又尴尬不安。

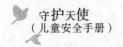

那么，家长发现孩子和小伙伴玩"性游戏"时，应该怎样正确地教导孩子呢？

1. 告诉孩子这个游戏不文明

家长应该心平气和地对孩子说："刚才那个游戏多不文明啊，老鹰捉小鸡的游戏更有趣呢，我们一起玩。"当家长发现孩子做这些"性游戏"时，**可以巧妙地用玩具、讲故事或组织他们玩别的游戏等形式，把孩子的好奇心和注意力吸引到别的地方。**

2. 让孩子保护自己的隐私部位

家长都是从幼儿期走过来的，应该知道孩子在六七岁就已经能够表现出性行为了。比如，男孩子爱玩"掀裙子"的游戏，偷看女孩上厕所等。

家长应该经常告诉自己的孩子："不要让别人掀你的裙子，自己的胸和屁股坚决不能给别人看，更不能让别人摸。"并给孩子解释原因，那些地方是女孩子的隐私部位，不能够让男孩子看。

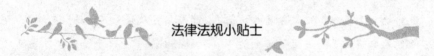
法律法规小贴士

中华人民共和国刑法（2015 年修正本）

第十七条 【刑事责任年龄】已满十六周岁的人犯罪，应当负刑事责任。

已满十四周岁不满十六周岁的人，犯故意杀人、故意伤害致人重伤或者死亡、强奸、抢劫、贩卖毒品、放火、爆炸、投毒罪的，应当负刑事责任。

已满十四周岁不满十八周岁的人犯罪，应当从轻或者减轻处罚。

因不满十六周岁不予刑事处罚的，责令他的家长或者监护人加以管教；在必要的时候，也可以由政府收容教养。

第十七条之一　已满七十五周岁的人故意犯罪的，可以从轻或者减轻处罚；过失犯罪的，应当从轻或者减轻处罚。

不要让孩子产生性别崇拜

楠楠的家里几代单传，但到楠楠父母这代却生了个女孩子，所以楠楠出生后一直被当成男孩养，留男孩的头发，穿男孩的衣服。有一天，妈妈听见客厅里的小朋友和楠楠吵了起来，推开门一看，发现楠楠正哭着说："我是男孩，我不是女孩！"

楠楠的家长，因为一直想要男孩，就把她当成男孩来养。幼小的楠楠从心底里接受了这种性别设定，认定自己就是男孩，导致自己性心理颠倒，对男孩子的性别产生了莫名的崇拜。长此以往，会导致孩子性别认同错乱，还有可能出现同性恋、易性癖的倾向。

家长应该如何避免孩子产生性别崇拜呢？

1. 不要混淆孩子的性别打扮

有的农村地区有这样的习俗，如果男孩子体弱多病，就把他装扮成女孩子的样子来养。有些家长不满意孩子的性别，或者仅仅是因为好玩，随意改变孩子的性别装扮。他们给男孩子穿裙子，给女孩子留短发，打扮成"假小子"。这些都属于不恰当行为。

这种行为会影响孩子的心理，其使产生性别错乱。无论是女性化的男孩，还是男性化的女孩，在长大后都会受到同学的歧视和捉弄，或受到老师和邻居的白眼，这会使他们十分痛苦。同时他们又会被同学孤

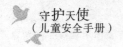
立，因而产生内向、孤独、胆小及忧郁的性格。

2. 父母是最好的榜样

爸爸妈妈的装扮和形象，会直接影响到孩子对性别的认知。如果女儿有一头漂亮的长发，经常穿公主裙，妈妈却总是板寸头和工装裤，女儿很可能会对女性形象产生模糊，进而怀疑大人对她"你是女孩"的教导。同样，如果爸爸人高马大，却不干家里的体力活、脏活和重活，若想教导儿子"你是男子汉"，成功的可能性也不会大。

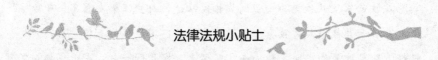

法律法规小贴士

中华人民共和国刑法（2015 年修正本）

第二百四十三条 【诬告陷害罪】捏造事实诬告陷害他人，意图使他人受刑事追究，情节严重的，处三年以下有期徒刑、拘役或者管制；造成严重后果的，处三年以上十年以下有期徒刑。国家机关工作人员犯前款罪的，从重处罚。

不是有意诬陷，而是错告，或者检举失实的，不适用前两款的规定。

如何对待孩子对性的好奇心

小洪上初一了，他的父母都是医生，所以家中有很多医学类的书籍。在家中的众多藏书中，他不但读了许多中外名著，而且还翻阅了《人体解剖学》《性的知识》等书籍。随着年龄的增长，性的意识在小洪的脑子中也慢慢增长，他开始对异性有朦朦胧胧的好感，喜欢暗暗关注模样出色的女孩。在阅读各种文学作品时，也对涉及性方面的描写特别感兴趣。

有一天晚上，小洪又沉浸在书的"想象"中，谁知爸爸突然闯了进来，看到他看的是一本《性的知识》，顿时大为恼火，愤怒地抢过他的书，指责他不务正业，并说以后再也不让他进书房了。

小洪真的不明白，他对性的好奇就是犯错吗？还有，他的心理算不算正常？

我国大多数青少年的成长过程中估计都有过小洪的这种经历。随着性生理的逐渐成熟，青少年的性意识开始觉醒，对性知识产生浓厚的兴趣，喜欢与异性接触，对性充满了好奇。孩子们的这些表现是青春期正常的心理，但中国的传统教育总是谈"性"色变。每当孩子们在言语或行为上对性表现出兴趣时，家长就会千方百计地加以制止。这种错误的做法不但起不到教育的作用，还会对孩子的心理造成伤害。

每个人都有性好奇，做父母的也是从那个阶段过来的，所以面对孩子提出的性问题不要遮掩，也不要恼怒，充分理解孩子，并加以引导，就会得到意想不到的好结果。

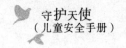
每一个做父母的都应该认真对待孩子的性教育。父母是孩子的第一任老师，在孩子的性教育问题上更是责无旁贷。孩子从小跟随父母长大，彼此身体和肌肤接触的频率也最多，在这个过程中，父母要逐渐让孩子了解男女的生理结构，慢慢消除孩子对异性的神秘感。如果孩子提出性问题，父母不分青红皂白地予以责怪或辱骂，只会使孩子产生逆反心理，进一步增加好奇心。

那么，父母该如何对待孩子的性好奇呢？

1. 不要以大人的眼光看待孩子

儿童到了四五岁的年纪便开始对异性的身体产生好奇，想看看自己和异性之间到底有什么不同。儿童的那些"性游戏"不是真正意义上的性，所以根本谈不上什么道德问题或对健康有什么危害的问题，他们只是单纯地感到好奇或好玩。

成年人有自己的性意识，不应该用自己的认识或动机去理解孩子的行为，父母的过激反应会让孩子认为自己的人生有洗刷不掉的污点。

2. 鼓励孩子与异性正常交往

从幼儿园起，孩子就会有很多的异性朋友，这对他们人格的成长是有益的，家长应予以支持。孩子进入青春期后，与异性朋友的交往会增多，家长应持正确的态度，不能对其横加指责，否则会使孩子在心理上偏离轨道。

孩子在成长过程中对性感到好奇是正常的，性成熟是每个孩子必然要经历的过程。性好奇是每个孩子都会出现的心理现象。在这个过程中，父母要主动承担起教育责任，多给孩子一些理解和帮助，让孩子们顺利度过青春期，避免让其在这个过程中出现问题或留下遗憾。

法律法规小贴士

中华人民共和国刑法（2015年修正本）

第二百三十六条 【强奸罪】以暴力、胁迫或者其他手段强奸妇女的，处三年以上十年以下有期徒刑。

奸淫不满十四周岁的幼女的，以强奸论，从重处罚。

强奸妇女、奸淫幼女，有下列情形之一的，处十年以上有期徒刑、无期徒刑或者死刑：

（一）强奸妇女、奸淫幼女情节恶劣的；

（二）强奸妇女、奸淫幼女多人的；

（三）在公共场所当众强奸妇女的；

（四）二人以上轮奸的；

（五）致使被害人重伤、死亡或者造成其他严重后果的。

如何面对孩子的早恋问题

小丽今年上初一了，个子高挑，性格也比较活泼，在班中的人缘很好。过生日时，她邀请班中的好朋友一起吃饭、唱歌。在包间，号称班中"篮球明星"的男生给她唱了一首生日歌，表示祝福，还握了她的手，听着他婉转动听的歌声，联想到他平时对自己的照顾，小丽突然有一种从未有过的特殊感受。

从此以后，她一见到那个男生便不知所措，她想见他，又怕见他，并希望他主动向自己表白。有一天，她看见自己喜欢的男生和另一个女

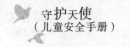

孩谈得好亲热，都头挨着头了，她怒从心起，跑上前去给了那个女孩一记耳光。

由于青春期的萌动，孩子对异性产生好感是一种正常反应，家长和学校老师都不应大惊小怪，更不应把事情扩大。相反，动之以情，晓之以理，孩子一般都会接受。大多数早恋的孩子，要么是生活在单亲家庭，要么是父母的感情出现了问题，使孩子丧失了和睦的家庭环境，缺乏应有的爱的滋润。

如果孩子早恋，作为家长，该采取怎样的态度和方法呢？

1.不要随便给孩子贴上"早恋"的标签

对于情窦初开的孩子来说，**喜欢一个自己欣赏的异性是非常正常的心理发育过程**。有些孩子会把那份爱慕之情隐藏在心中，仅在不经意间多瞟几眼"意中人"；有的孩子会把这份爱恋之情告诉对方，如果和对方擦不出火花，顶多成为较好的异性朋友；如果双方都互相喜欢，一拍即合，则可能发展成为恋爱关系。

对于前两种情况，老师和家长都不必大惊小怪，我们都曾经年少过，应该能够理解孩子的这种心情。对于后一种情况，家长应视孩子的情况选择正确的引导方法。

2.心平气和地处理

如果发现孩子"早恋"，家长马上就把它视为洪水猛兽，怒气冲天，大动干戈，或者急吼吼地告诉老师和对方家长，气呼呼地对孩子既骂又打，弄得满城风雨，那就肯定不会有理想的结局。早恋是一种情感隐私，家长一定要为孩子保密，能不让人知道就不要让人知道，即使是非常亲密的人。**孩子早恋这种事，就像弹簧一样，你压得越重，它就弹得越高**。一些离家出走或双双私奔的孩子，大都是因为受到家庭或学校的强大压力，才狠下心来"走为上策"！所以，作为家长和老师，处理此事时要冷静和理智，切不可操之过急。

3. 严禁搜查、隔离和盯梢

有些家长，发现孩子早恋，表面上表现得相当冷静，但实际上高度紧张，处处设防，甚至采用不正当手段，限制孩子的人身自由。一是搜查。有些家长利用孩子不注意时搜查孩子的书包、衣服和抽屉等，把有关照片、书信、贺卡等统统没收，一旦搜查到所谓的"证据"，就大加挞伐。二是隔离。有些家长发现孩子有早恋的迹象，就不让孩子单独外出，不让孩子接异性打来的电话。三是盯梢。有些家长总是不放心，采用跟踪的办法，孩子走到哪里就尾随到哪里。这三种手法，都不够光明正大，也是不可取的，都有可能把事情弄僵，甚至直接损害父母与孩子间的亲情。

4. 引导孩子确立正确的婚恋观

孩子进入青春期后，对异性产生好感是无法避免的。这个时候，就需要家长引导孩子树立正确的婚恋观，当孩子能对恋爱和婚姻中蕴含的责任和尊重正确看待，**甚至能进一步把这份青春激情转化成为认真学习和积极上进的动力时，**我们就不用担心孩子误入歧途而无法自拔。

5. 从小加强性教育

很多中小学生之所以走上早恋之路，很重要的一个原因就是从小很少接触到基本的性知识。出于生理的本能和对性的好奇，他们就会从心底里喜欢和爱慕异性同学或朋友。

孩子的性发展是一个环环相扣的过程，只要前一个阶段发展得比较顺利，后面出现问题的可能性就很小。因此，家长需要从幼儿阶段就开始对孩子进行适当的性教育，并满足孩子在每一个阶段对性的好奇。当孩子逐步揭开性的神秘面纱之后，他们就能正确面对异性间的相互吸引，不至于早早坠入爱河。

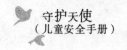

守护天使
（儿童安全手册）

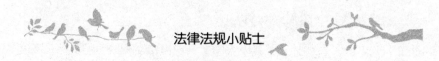

法律法规小贴士

中华人民共和国刑法（2015年修正本）

第二百三十七条 【强制猥亵、侮辱罪、猥亵儿童罪】以暴力、胁迫或者其他方法强制猥亵他人或者侮辱妇女的，处五年以下有期徒刑或者拘役。

聚众或者在公共场所当众犯前款罪的，或者有其他恶劣情节的，处五年以上有期徒刑。

猥亵儿童的，依照前两款的规定从重处罚。

如何应对青春期孩子的自慰问题

作为男孩子，一般在十二三岁，就会由于朋友、同学的诱导，开始自慰，打开一个新奇、充满刺激的新世界。可是在网上良莠不齐的信息的"指导"下，小辉怀疑自己患上了尿频和前列腺炎，起初很害羞，直到一年后才向医生求助。

经过检查，孩子的身体并没有问题，医生通过减轻孩子的心理压力，几个月后消除了小辉的担心和害怕。

"食色，性也"，手淫是一种本性，就和吃饭一样，但是比吃饭神秘，具有隐私性。父母与孩子，尤其是父亲和儿子之间要建立彼此的信任，制造一种轻松的氛围，及时和孩子交流沟通，避免孩子陷入误区。

不可否认，手淫有害。首要的危害就是像吸毒一样容易上瘾，青春期的孩子性欲旺盛，很容易陷入其中不可自拔。那么，作为家长该怎么做呢？

1. 说服教育

家长一旦发现孩子有习惯性手淫的情况，不要紧张、焦虑，更不应采用惩罚、责骂、讥笑等手段来迫使孩子中止。应寻找形成局部刺激的原因，并加以去除。对于年龄较大的儿童应适当地进行说服教育，通过诱导、解释，使他们改变不良习惯，并鼓励、支持他们多参加一些户外活动，转移其注意力。要培养孩子健康的兴趣爱好，不要看黄色影视和小说。当孩子手淫的次数明显减少时，要及时表扬、鼓励和奖赏，强化其新的健康行为。

2. 日常注意事项

切勿让孩子过早卧床，并让其在睡前进行一定时间的体育活动，以便卧床后能很快入睡，醒后立即唤其起床。不要让孩子穿得太多、太热，宜穿较为宽松的，布料柔软的内衣、内裤，平时不穿紧身裤。此外还应注意生殖器的清洁。

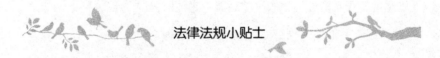

法律法规小贴士

中华人民共和国刑法（2015 年修正本）

第三百五十八条 【组织卖淫罪；强迫卖淫罪；协助组织卖淫罪】组织、强迫他人卖淫的，处五年以上十年以下有期徒刑，并处罚金；情节严重的，处十年以上有期徒刑或者无期徒刑，并处罚金或者没收财产。

组织、强迫未成年人卖淫的，依照前款的规定从重处罚。

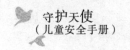

犯前两款罪，并有杀害、伤害、强奸、绑架等犯罪行为的，依照数罪并罚的规定处罚。

为组织卖淫的人招募、运送人员或者有其他协助组织他人卖淫行为的，处五年以下有期徒刑，并处罚金；情节严重的，处五年以上十年以下有期徒刑，并处罚金。

如何预防儿童被性侵

9岁的彤彤兴趣很广，爱唱歌，也爱跳舞，邻居的叔叔阿姨都很喜欢她。可是不幸的事情发生了，9岁的她多次被性侵犯，并患上严重的妇科疾病……经调查，是隔壁的叔叔丧心病狂，多次对彤彤进行性侵犯。

孩子受到性伤害，对每个家庭来说都是致命的打击。儿童被性侵已经引起越来越多的关注和重视。

作为家长，为了使孩子免受侵害，不仅要教给孩子基本的性知识，还要帮助孩子了解性侵害的严重后果，对性侵害说“不”。

1. 教孩子正确区别好的接触和坏的接触

家长最好通过实例来帮助孩子正确理解和判断好的接触和坏的接触，比如“妈妈爱你，并抱你，就是好的接触”“陌生的大人，要脱你衣服时，就是坏的接触”“和小朋友玩‘过家家’游戏时，即使情节需要，也不要脱衣服”等，通过具体、形象的描述让孩子听懂，并正确区别好的接触和坏的接触。

2. 告诉孩子喜欢和不喜欢的差异

孩子的警惕性不高，尤其不会对喜欢自己的大人怀有戒备心，而儿童性犯罪案件大部分都是以"漂亮"的赞美开始的。所以，家长在平时应向孩子具体说明"有人要看或摸你穿内衣的部位，或对方把自己穿内衣的部位给你看，那一定不是喜欢你。父母要对孩子强调，不论是家属、亲戚，还是熟人，如果对其做出异常的行动时，要大声地明确表示"别碰我""不要"。

3.放学后和同学一起回家

60%的儿童性暴力事件，是在下午3点到晚上9点发生的，这段时间是孩子放学后在外活动的时间。在这个时间段里，家长大都在上班或在下班的路上，很难时刻看管孩子，但是可以让孩子和同学一起上下学，并告诉孩子，如果某个孩子出事了，其他的孩子要立即通知大人。

4.教孩子说"我要先问问妈妈"

从大量儿童性侵犯案例来看，性侵犯者最常用的手段就是谎话，如引诱孩子说要给他买好吃的东西，请求孩子给自己指路等。家长应当将这些接近方式具体地告诉孩子，并教导孩子如果遇到这种情况就应无条件地说"我要先问问妈妈"。孩子本性善良，很难拒绝陌生人的请求，所以教孩子怀疑陌生人，不如教孩子凡事都问妈妈，这是比较明智的。

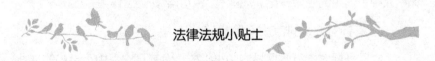

法律法规小贴士

中华人民共和国刑法（2015年修正本）

第三百五十九条 【引诱、容留、介绍卖淫罪；引诱幼女卖淫罪】引诱、容留、介绍他人卖淫的，处五年以下有期徒刑、拘役或者管制，并处罚金；情节严重的，处五年以上有期徒刑，并处罚金。

引诱不满十四周岁的幼女卖淫的，处五年以上有期徒刑，并处罚金。

附录：儿童安全相关文件

教育部关于切实落实中小学安全工作的通知

各省、自治区、直辖市教育厅（教委），新疆生产建设兵团教育局：

随着夏季的来临，我国一些地方强降雨天气明显增多，各地已经进入暴雨、雷电、洪水、台风、龙卷风、泥石流、山体滑坡等灾害高发期，同时也是中小学生溺水、交通事故和公共卫生突发事件的集中发生期，各级教育行政部门和学校要切实把安全工作重心转移到预防上来，配合有关部门采取有力措施，落实中小学安全工作的各项防范措施，确保广大中小学生的生命安全。现就有关中小学安全工作通知如下。

一、有针对性地排查安全隐患

1.立即开展对本行政区域内中小学校，尤其是农村中小学校的选址是否存在山洪、泥石流、山体滑坡、基础沉陷等自然灾害隐患的排查监测工作。重点加强对危及学校安全的易滑坡的山体、挡土墙的检查。对发现的问题要及时整改，强化校园抵御山洪、泥石流等自然灾害的能力。要及时完善汛期学校安全工作应急预案，积极开展安全演练，做好学校防洪、防地质灾害等各项准备工作。

2.认真落实《中国气象局、教育部关于加强学校防雷安全工作的通知》要求，配合有关部门及时将重大灾害性天气预测预报、火险气象等级预报、地质灾害气象等级预报和气候影响评价的信息传达到中小学校。组织指导和帮助中小学校做好防御雷电、火灾、地质灾害、大雾等防灾减灾工作。要特别加强远程教育设备天线、山区处于高地的农村学校避雷设施的安全检查工作。

3.重点排查农村中小学校，特别是村小的校舍、厕所和校园围墙等。对被鉴定为D级危房的校舍，要采取果断措施，立即关闭停用，及时维修加固一般危房。要高度重视未列入危房的土木结构校舍的险情排查工作。对曾受洪水浸泡的校舍必须经过权威部门鉴定并确认无安全隐患后，方可恢复使用，严防"灾后灾"的发生。对因排除校舍安全隐患工作所引起的学校师生学习、生活不便的问题，各地要在当地政府和有关部门的统一领导下，做出妥善安排。

4.全面评估学校周边地区的公共安全环境。积极配合有关部门对学校附近的生产、经营和储存有毒、有害和危险品的工厂企业进行环保评估，消除学校周边可能存在的安全隐患。为了避免发生工厂因有毒物质泄露或危险品爆炸等对师生造成的危害，应提请政府有关部门对有毒有害和危险品工厂企业该停产的必须停产，该搬迁的必须搬迁。

二、严防中小学生溺水、交通和拥挤踩踏事故的发生

1.集中开展一次对中小学生游泳安全的教育。要特别教育和引导中小学生在上学放学路上、节假日期间学生脱离学校和家长监管时段，做到"四不游泳"，即：不在无家长或老师的带领下私自下水游泳；不擅自与同学结伴游泳；不到无安全设施、无救护人员、无安全保障的水域游泳；不到不熟悉的水域游泳。尤其要教育中小学生，在发现同伴溺水时应立即呼喊大人去救，不宜盲目下水营救，避免发生更多伤亡。

2.强化校车管理和交通安全教育。各地要立即开展以对本行政区域内中小学幼儿园的校车及驾驶员为重点的拉网式排查和清理工作，坚决

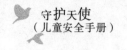

杜绝因校车或驾驶员不合格造成的学生伤亡事故。要教育学生在上学放学时靠公路边上行走，不上高速公路；必须横穿公路、铁路时，要注意观察来往车辆；还要注意教育学生上学放学避免乘坐农用车，坚决不上超载车。要特别强调的是，各级教育行政部门和学校在暑期组织学生夏令营或组织教师外出旅行时，一定要制订各项安全预案，落实各项安全防范措施，确保师生安全。

3.加强对中小学生上下楼梯的安全管理。各地要进一步组织对中小学校楼梯的专项检查，保证楼梯、楼道的照明，栏杆、楼梯扶手达到国家标准，消除通道和楼梯上的障碍，解决楼梯台阶的高低宽窄不科学问题。在教学楼进行教学活动和晚自习时，学校必须安排学生疏散时间和楼道上下顺序，同时安排人员巡查，组织有秩序疏散，防止发生拥挤踩踏伤害事故。尤其在晚自习学生没有离校之前，学校应当有负责人和教师值班、巡查，决不能存在侥幸心理。要防止学校补课和大班额带来的拥挤踩踏事故。

三、切实提高预防控制学校公共卫生突发事件的能力

1.各级教育行政部门和学校要按照《卫生部、教育部关于开展全国学校卫生专项检查工作的通知》（卫监督发〔2007〕111号）要求，组织开展学校食品卫生、饮用水卫生、传染病防控管理等工作的自查和抽查，并对检查结果进行通报，对存在的问题立即进行整改。对未按要求整改的学校要进行通报批评，并追究相关责任人的责任。

2.中小学校要采取多种形式在近期开展一次卫生防病宣传教育。尤其要教育农村中小学生不喝生水、不摘食野果（菜）、不买街头无证小贩的饮（食）品。我部将向各地中小学校免费配发常识性读物《常见食物中毒及其预防知识》和《学校健康教育墙报集锦》，同时将《常见食物中毒及其预防知识》挂在教育部网上（www.moe.edu.cn）。各地要充分利用这些资料对学校食堂从业人员及师生开展宣传教育活动。

3.切实落实各项学校卫生防疫与食品卫生安全工作制度和措施，确保学校饮用水、厕所和食堂符合卫生标准。保持学生学习和生活场所的通风与清洁卫生，消除传染病发生和流行的条件。建立健全学校突发公共卫生事件监控与报告制度。学校发生食物中毒和传染病流行事件后，必须按要求立即向当地疾病控制部门进行报告，并逐级报告上级教育行政部门。

四、逐级报告工作落实情况

1.省级教育行政部门接到本通知后，要按照要求，立即与有关部门主动联系，结合本地区实际，制订工作方案。迅速部署本地区暑假前后中小学安全工作，指导和督促本行政区域内各级教育行政部门限期完成排查、整改、安全教育的各项任务。要强化监督考核，成立专门检查组，对本地区各地工作开展情况进行检查，对检查结果要进行通报，在检查中发现的问题要督促地方限期整改。

2.县级教育行政部门要切实负起本行政区内中小学的管理责任。要针对当地中小学安全事故多发、易发的事故种类，有针对性、有重点地组织本行政区域内中小学校开展排查、整改和安全教育工作。要制订和完善本地区中小学安全工作预案，在可预见的自然灾害来临之际，可根据实际情况采取必要的应急措施，以最快速度组织广大师生安全转移，确保师生生命安全。

3.中小学校要结合本校实际，在放暑假前，通过多种方式，对中小学生集中开展一次以预防溺水、交通、食物中毒、火灾和雨季自然灾害等春夏易发、常见安全事故在内的系列安全专题教育活动，以专业知识武装学生，以典型事例警示学生，切实提高学生的安全意识和自救逃生能力。学校要通过自查、排查，准确找出学校安全工作的薄弱环节，立即进行整改，不能马上整改的，要及时向上级教育行政部门进行书面报告。

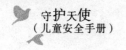
4.请各省、自治区、直辖市于放暑假前和秋季开学一个月后将本行政区域中小学安全排查、整改、开展安全教育情况书面报告我部（基础教育司）。我部将在全国范围内对各地工作落实情况进行抽查，并将抽查结果予以公布。对由于排查整改工作不到位，发生中小学生重大安全责任事故的，要依法追究责任。

2007 年 6 月 1 日

国务院关于加强农村留守儿童关爱保护工作的意见

各省、自治区、直辖市人民政府，国务院各部委、各直属机构：

近年来，随着我国经济社会发展和工业化、城镇化进程推进，一些地方农村劳动力为改善家庭经济状况、寻求更好发展，走出家乡务工、创业，但受工作不稳定和居住、教育、照料等客观条件限制，有的选择将未成年子女留在家乡交由他人监护照料，导致大量农村留守儿童出现。农村劳动力外出务工为我国经济建设作出了积极贡献，对改善自身家庭经济状况起到了重要作用，客观上为子女的教育和成长创造了一定的物质基础和条件，但也导致部分儿童与父母长期分离，缺乏亲情关爱和有效监护，出现心理健康问题甚至极端行为，遭受意外伤害甚至不法侵害。这些问题严重影响儿童健康成长，影响社会和谐稳定，各方高度关注，社会反响强烈。进一步加强农村留守儿童关爱保护工作，为广大农村留守儿童健康成长创造更好的环境，是一项重要而紧迫的任务。现提出以下意见。

一、充分认识做好农村留守儿童关爱保护工作的重要意义

留守儿童是指父母双方外出务工或一方外出务工另一方无监护能力、不满十六周岁的未成年人。农村留守儿童问题是我国经济社会发展中的阶段性问题，是我国城乡发展不均衡、公共服务不均等、社会保障不完善等问题的深刻反映。近年来，各地区、各有关部门积极开展农村

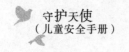
留守儿童关爱保护工作，对促进广大农村留守儿童健康成长起到了积极作用，但工作中还存在一些薄弱环节，突出表现在家庭监护缺乏监督指导、关爱服务体系不完善、救助保护机制不健全等方面，农村留守儿童关爱保护工作制度化、规范化、机制化建设亟待加强。

农村留守儿童和其他儿童一样是祖国的未来和希望，需要全社会的共同关心。做好农村留守儿童关爱保护工作，关系到未成年人健康成长，关系到家庭幸福与社会和谐，关系到全面建成小康社会大局。党中央、国务院对做好农村留守儿童关爱保护工作高度重视。加强农村留守儿童关爱保护工作、维护未成年人合法权益，是各级政府的重要职责，也是家庭和全社会的共同责任。各地区、各有关部门要充分认识加强农村留守儿童关爱保护工作的重要性和紧迫性，增强责任感和使命感，加大工作力度，采取有效措施，确保农村留守儿童得到妥善监护照料和更好关爱保护。

二、总体要求

（一）指导思想。全面落实党的十八大和十八届二中、三中、四中、五中全会精神，深入贯彻习近平总书记系列重要讲话精神，按照国务院决策部署，以促进未成年人健康成长为出发点和落脚点，坚持依法保护，不断健全法律法规和制度机制，坚持问题导向，强化家庭监护主体责任，加大关爱保护力度，逐步减少儿童留守现象，确保农村留守儿童安全、健康、受教育等权益得到有效保障。

（二）基本原则。

坚持家庭尽责。落实家庭监护主体责任，监护人要依法尽责，在家庭发展中首先考虑儿童利益；加强对家庭监护和委托监护的督促指导，确保农村留守儿童得到妥善监护照料、亲情关爱和家庭温暖。

坚持政府主导。把农村留守儿童关爱保护工作作为各级政府重要工作内容，落实县、乡镇人民政府属地责任，强化民政等有关部门的监督指导责任，健全农村留守儿童关爱服务体系和救助保护机制，切实保障农村留守儿童合法权益。

坚持全民关爱。充分发挥村（居）民委员会、群团组织、社会组织、专业社会工作者、志愿者等各方面积极作用，着力解决农村留守儿童在生活、监护、成长过程中遇到的困难和问题，形成全社会关爱农村留守儿童的良好氛围。

坚持标本兼治。既立足当前，完善政策措施，健全工作机制，着力解决农村留守儿童监护缺失等突出问题；又着眼长远，统筹城乡发展，从根本上解决儿童留守问题。

（三）总体目标。家庭、政府、学校尽职尽责，社会力量积极参与的农村留守儿童关爱保护工作体系全面建立，强制报告、应急处置、评估帮扶、监护干预等农村留守儿童救助保护机制有效运行，侵害农村留守儿童权益的事件得到有效遏制。到 2020 年，未成年人保护法律法规和制度体系更加健全，全社会关爱保护儿童的意识普遍增强，儿童成长环境更为改善、安全更有保障，儿童留守现象明显减少。

三、完善农村留守儿童关爱服务体系

（一）强化家庭监护主体责任。父母要依法履行对未成年子女的监护职责和抚养义务。外出务工人员要尽量携带未成年子女共同生活或父母一方留家照料，暂不具备条件的应当委托有监护能力的亲属或其他成年人代为监护，不得让不满十六周岁的儿童脱离监护单独居住生活。外出务工人员要与留守未成年子女常联系、多见面，及时了解掌握他们的生活、学习和心理状况，给予更多亲情关爱。父母或受委托监护人不履行监护职责的，村（居）民委员会、公安机关和有关部门要及时予以劝诫、制止；情节严重或造成严重后果的，公安等有关机关要依法追究其责任。

（二）落实县、乡镇人民政府和村（居）民委员会职责。县级人民

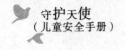
政府要切实加强统筹协调和督促检查，结合本地实际制定切实可行的农村留守儿童关爱保护政策措施，认真组织开展关爱保护行动，确保关爱保护工作覆盖本行政区域内所有农村留守儿童。乡镇人民政府（街道办事处）和村（居）民委员会要加强对监护人的法治宣传、监护监督和指导，督促其履行监护责任，提高监护能力。村（居）民委员会要定期走访、全面排查，及时掌握农村留守儿童的家庭情况、监护情况、就学情况等基本信息，并向乡镇人民政府（街道办事处）报告；要为农村留守儿童通过电话、视频等方式与父母联系提供便利。乡镇人民政府（街道办事处）要建立翔实完备的农村留守儿童信息台账，一人一档案，实行动态管理、精准施策，为有关部门和社会力量参与农村留守儿童关爱保护工作提供支持；通过党员干部上门家访、驻村干部探访、专业社会工作者随访等方式，对重点对象进行核查，确保农村留守儿童得到妥善照料。县级民政部门及救助管理机构要对乡镇人民政府（街道办事处）、村（居）民委员会开展的监护监督等工作提供政策指导和技术支持。

（三）加大教育部门和学校关爱保护力度。县级人民政府要完善控辍保学部门协调机制，督促监护人送适龄儿童、少年入学并完成义务教育。教育行政部门要落实免费义务教育和教育资助政策，确保农村留守儿童不因贫困而失学；支持和指导中小学校加强心理健康教育，促进学生心理、人格积极健康发展，及早发现并纠正心理问题和不良行为；加强对农村留守儿童相对集中学校教职工的专题培训，着重提高班主任和宿舍管理人员关爱照料农村留守儿童的能力；会同公安机关指导和协助中小学校完善人防、物防、技防措施，加强校园安全管理，做好法治宣传和安全教育，帮助儿童增强防范不法侵害的意识、掌握预防意外伤害的安全常识。中小学校要对农村留守儿童受教育情况实施全程管理，利用电话、家访、家长会等方式加强与家长、受委托监护人的沟通交流，了解农村留守儿童生活情况和思想动态，帮助监护人掌握农村留守儿童学习情况，提升监护人责任意识和教育管理能力；及时了解无故旷课农村留守儿童情况，落实辍学学生登记、劝返复学和书面报告制度，劝返无效的，应书面报告县级教育行政部门和乡镇人民政府，依法采取措施劝返复学；帮助农村留守儿童通过电话、视频等方式加强与父母的情感联系和亲情交流。寄宿制学校要完善教职工值班制度，落实学生宿舍安全管理责任，丰富校园文化生活，引导寄宿学生积极参与体育、艺术、社会实践等活动，增强学校教育吸引力。

（四）发挥群团组织关爱服务优势。各级工会、共青团、妇联、残联、关工委等群团组织要发挥自身优势，积极为农村留守儿童提供假期日间照料、课后辅导、心理疏导等关爱服务。工会、共青团要广泛动员广大职工、团员青年、少先队员等开展多种形式的农村留守儿童关爱服务和互助活动。妇联要依托妇女之家、儿童之家等活动场所，为农村留守儿童和其他儿童提供关爱服务，加强对农村留守儿童父母、受委托监护人的家庭教育指导，引导他们及时关注农村留守儿童身心健康状况，加强亲情关爱。残联要组织开展农村留守残疾儿童康复等工作。关工委要组织动员广大老干部、老战士、老专家、老教师、老模范等离退休老同志，协同做好农村留守儿童的关爱与服务工作。

（五）推动社会力量积极参与。加快孵化培育社会工作专业服务机构、公益慈善类社会组织、志愿服务组织，民政等部门要通过政府购买服务等方式支持其深入城乡社区、学校和家庭，开展农村留守儿童监护指导、心理疏导、行为矫治、社会融入和家庭关系调适等专业服务。充分发挥市场机制作用，支持社会组织、爱心企业依托学校、社区综合服务设施举办农村留守儿童托管服务机构，财税部门要依法落实税费减免优惠政策。

四、建立健全农村留守儿童救助保护机制

（一）建立强制报告机制。学校、幼儿园、医疗机构、村（居）民

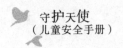
委员会、社会工作服务机构、救助管理机构、福利机构及其工作人员，在工作中发现农村留守儿童脱离监护单独居住生活或失踪、监护人丧失监护能力或不履行监护责任、疑似遭受家庭暴力、疑似遭受意外伤害或不法侵害等情况的，应当在第一时间向公安机关报告。负有强制报告责任的单位和人员未履行报告义务的，其上级机关和有关部门要严肃追责。其他公民、社会组织积极向公安机关报告的，应及时给予表扬和奖励。

（二）完善应急处置机制。公安机关要及时受理有关报告，第一时间出警调查，有针对性地采取应急处置措施，强制报告责任人要协助公安机关做好调查和应急处置工作。属于农村留守儿童单独居住生活的，要责令其父母立即返回或确定受委托监护人，并对父母进行训诫；属于监护人丧失监护能力或不履行监护责任的，要联系农村留守儿童父母立即返回或委托其他亲属监护照料；上述两种情形联系不上农村留守儿童父母的，要就近护送至其他近亲属、村（居）民委员会或救助管理机构、福利机构临时监护照料，并协助通知农村留守儿童父母立即返回或重新确定受委托监护人。属于失踪的，要按照儿童失踪快速查找机制及时开展调查。属于遭受家庭暴力的，要依法制止，必要时通知并协助民政部门将其安置到临时庇护场所、救助管理机构或者福利机构实施保护；属于遭受其他不法侵害、意外伤害的，要依法制止侵害行为、实施保护；对于上述两种情形，要按照有关规定调查取证，协助其就医、鉴定伤情，为进一步采取干预措施、依法追究相关法律责任打下基础。公安机关要将相关情况及时通报乡镇人民政府（街道办事处）。

（三）健全评估帮扶机制。乡镇人民政府（街道办事处）接到公安机关通报后，要会同民政部门、公安机关在村（居）民委员会、中小学校、医疗机构以及亲属、社会工作专业服务机构的协助下，对农村留守儿童的安全处境、监护情况、身心健康状况等进行调查评估，有针对性地安排监护指导、医疗救治、心理疏导、行为矫治、法律服务、法律援助等专业服务。对于监护人家庭经济困难且符合有关社会救助、社会福利政策的，民政及其他社会救助部门要及时纳入保障范围。

（四）强化监护干预机制。对实施家庭暴力、虐待或遗弃农村留守儿童的父母或受委托监护人，公安机关应当给予批评教育，必要时予以治安管理处罚，情节恶劣构成犯罪的，依法立案侦查。对于监护人将农村留守儿童置于无人监管和照看状态导致其面临危险且经教育不改的，或者拒不履行监护职责六个月以上导致农村留守儿童生活无着的，或者实施家庭暴力、虐待或遗弃农村留守儿童导致其身心健康严重受损的，其近亲属、村（居）民委员会、县级民政部门等有关人员或者单位要依法向人民法院申请撤销监护人资格，另行指定监护人。

五、从源头上逐步减少儿童留守现象

（一）为农民工家庭提供更多帮扶支持。各地要大力推进农民工市民化，为其监护照料未成年子女创造更好条件。符合落户条件的要有序推进其本人及家属落户。符合住房保障条件的要纳入保障范围，通过实物配租公共租赁住房或发放租赁补贴等方式，满足其家庭的基本居住需求。不符合上述条件的，要在生活居住、日间照料、义务教育、医疗卫生等方面提供帮助。倡导用工单位、社会组织和专业社会工作者、志愿者队伍等社会力量，为其照料未成年子女提供便利条件和更多帮助。公办义务教育学校要普遍对农民工未成年子女开放，要通过政府购买服务等方式支持农民工未成年子女接受义务教育；完善和落实符合条件的农民工子女在输入地参加中考、高考政策。

（二）引导扶持农民工返乡创业就业。各地要大力发展县域经济，落实国务院关于支持农民工返乡创业就业的一系列政策措施。中西部地区要充分发挥比较优势，积极承接东部地区产业转移，加快发展地方优势特色产业，加强基本公共服务，制定和落实财政、金融等优惠扶持政

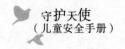

策，落实定向减税和普遍性降费政策，为农民工返乡创业就业提供便利条件。人力资源社会保障等有关部门要广泛宣传农民工返乡创业就业政策，加强农村劳动力的就业创业技能培训，对有意愿就业创业的，要有针对性地推荐用工岗位信息或创业项目信息。

六、强化农村留守儿童关爱保护工作保障措施

（一）加强组织领导。各地要将农村留守儿童关爱保护工作纳入重要议事日程，建立健全政府领导，民政部门牵头，教育、公安、司法行政、卫生计生等部门和妇联、共青团等群团组织参加的农村留守儿童关爱保护工作领导机制，及时研究解决工作中的重大问题。民政部要牵头建立农村留守儿童关爱保护工作部际联席会议制度，会同有关部门在2016年上半年开展一次全面的农村留守儿童摸底排查，依托现有信息系统完善农村留守儿童信息管理功能，健全信息报送机制。各级妇儿工委和农民工工作领导小组要将农村留守儿童关爱保护作为重要工作内容，统筹推进相关工作。各地民政、公安、教育等部门要强化责任意识，督促有关方面落实相关责任。要加快推动完善未成年人保护相关法律法规，进一步明确权利义务和各方职责，特别要强化家庭监护主体责任，为农村留守儿童关爱保护工作提供有力法律保障。

（二）加强能力建设。统筹各方资源，充分发挥政府、市场、社会的作用，逐步完善救助管理机构、福利机构场所设施，满足临时监护照料农村留守儿童的需要。加强农村寄宿制学校建设，促进寄宿制学校合理分布，满足农村留守儿童入学需求。利用现有公共服务设施开辟儿童活动场所，提供必要托管服务。各级财政部门要优化和调整支出结构，多渠道筹措资金，支持做好农村留守儿童关爱保护工作。各地要积极引导社会资金投入，为农村留守儿童关爱保护工作提供更加有力的支撑。各地区、各有关部门要加强农村留守儿童关爱保护工作队伍建设，配齐配强工作人员，确保事有人干、责有人负。

（三）强化激励问责。各地要建立和完善工作考核和责任追究机制，对认真履责、工作落实到位、成效明显的，要按照国家有关规定予以表扬和奖励；对工作不力、措施不实、造成严重后果的，要追究有关领导和人员责任。对贡献突出的社会组织和个人，要适当给予奖励。

（四）做好宣传引导。加强未成年人保护法律法规和政策措施宣传工作，开展形式多样的宣传教育活动，强化政府主导、全民关爱的责任意识和家庭自觉履行监护责任的法律意识。建立健全舆情监测预警和应对机制，理性引导社会舆论，及时回应社会关切，宣传报道先进典型，营造良好社会氛围。

各省（区、市）要结合本地实际，制定具体实施方案。对本意见的执行情况，国务院将适时组织专项督查。

2016 年 2 月 4 日